陶然雅韵

多彩的兰州黄河石

陶敬道 编著

甘肃人民美术出版社

TAORAN
YAYUN

图书在版编目(CIP)数据

陶然雅韵:多彩的兰州黄河石/ 陶敬道编著.--兰州:甘肃人民美术出版社,2017.12
ISBN 978-7-5527-0537-9

Ⅰ.①陶… Ⅱ.①陶… Ⅲ.观赏型—石—兰州—画册Ⅳ.①TS933.21-64

中国版本图书馆CIP数据核字(2017)第225922号

陶然雅韵——多彩的兰州黄河石

陶敬道 编著

出 品 人:王永生
书名题签:马国俊
摄　　影:陶炳塬
责任编辑:朱　珠
校　　对:张家骝
装帧设计:马吉庆

出版发行:
甘肃人民美术出版社
地　　址:
兰州市读者大道568号
邮　　编:
730030
电　　话:
0931-8773148(编辑部)　8773269(发行部)
E - mail:
gsart@126.com

印　　刷:
深圳市雅佳图印刷有限公司
开　　本:
889毫米×1194毫米　1/16
印　　张:
14.5
插　　页:
4
字　　数:
100千
版　　次:
2017年12月第1版
印　　次:
2017年12月第1次印刷
书　　号:
ISBN 978-7-5527-0537-9
定　　价:
368.00元

如发现印装质量问题,影响阅读,请与印刷厂联系调换。

本书所有内容经作者同意授权,并可使用。

未经同意,不得以任何形式复制转载。

陶敬道 *Tao Jingdao*

1940年生，甘肃榆中人。1964年毕业于西北师范大学外语系，并于当年参加工作，从事中学、大学教学及教育行政工作，2000年退休。先后任甘肃省定西一中副校长、校党支部书记，定西地区（现定西市）教育处处长兼党组书记，甘肃教育学院教育系系主任兼党总支书记，甘肃省中学校长培训中心副主任，甘肃省人民政府督学，甘肃省督导研究会副会长。退休后，受聘为中国现代教育研究院高级研究员，甘肃省老科学技术工作者协会专业委员会委员。自1991年收藏黄河奇石以来，至今仍玩石不辍。曾任甘肃省黄河奇石文化委员会副主任，兰州黄河奇石协会副会长，现为兰州黄河奇石协会顾问，甘肃省观赏石协会顾问，2015年被甘肃省观赏石协会授予"赏石文化突出贡献奖"。

黄河夕照
摄影：张 耘

1987年，父亲从腊子口带回一块有纹路的石头，告诉他：当年红军就是用这种石头支锅的。从此，他与石头结了缘，游走在黄河边的采石场，奔跑在挖掘机的空隙间，觅石在采石人的工棚里。

　　他，曾是一名辛勤的园丁，步入石界二十多年来，精心收藏黄河奇石，热心主持赏石文化论坛，用心编撰出版《陶然清韵》，用自己的心血和汗水，赏石陶情，播种文明，造福人民，报答母亲河。

　　他，一名倔强的西北汉子，敢作敢为，勇于担当，一副宽怀厚爱，一腔忠心赤胆，一身公平正气，唱响石坛正气歌，传播石界正能量。

　　他就是黄河奇石收藏家、黄河石文化的弘扬者，曾任甘肃省黄河奇石文化委员会副主任，兰州黄河奇石协会副会长，现任甘肃省观赏石协会顾问的陶敬道老师。

甘肃省观赏石协会
二零一五年元月二十日

注：以上文字为2015年甘肃省观赏石协会向作者颁发"赏石文化突出贡献奖"时的颁奖词。

前言

2010年5月，甘肃人民美术出版社出版发行了我的第一册黄河石图片集《陶然清韵》（副名"神奇的兰州黄河石"），收录的340多幅图片全都是兰州境内的奇石照，分"感悟大千、诗词曲韵、人物百态、动物天地、片石禅心、吉祥如意"六个篇目，集中展现了厚重质朴的兰州黄河石风采。

时至今日，我的第二册兰州黄河石图片集《陶然雅韵》（副名"多彩的兰州黄河石"）又要与大家见面了，收录的330多幅图片也全都是兰州境内的奇石照，同样展现的是兰州黄河石风采。

《陶然雅韵》的出版，缘于第一册出版后的当年。许多石友对我说："你的《陶然清韵》不错，社会反响很好"；也曾多次说："你的石头多着呢，好石头还有，何不再出一册。"这些话虽有褒奖之意，但让我动心的并不是赞扬之词，而是"何不再出一册"这样的鼓励之情。当然了，再出一册，谈何容易！石头还得再拥有，经费还得再筹集，时间还得有保证，特别是精力更要鼓起来。有了"何不再出一册"的力量支撑，我下了决心，默默地做着一些准备工作。一方面，将未上过第一册的图片搜集整理；另一方面，奔走于黄河边、采石场、奇石市场和石友家中，坚持寻觅、尽心选购。七年来，石头已积少成多，方方面面的准备也基本就绪，开始踏上了正式出版的征程。首先邀请一些石友帮着挑选石头，择优淘劣；然后拍照扩印，再次遴选，并认真读石，精心配文；最后排列图片，附上文字，终于在二月底完成初稿。

《陶然雅韵》未按第一册方法分类，而是按图片所属类型细分成十三个篇目，即"龙飞凤舞、田园风情、沐浴阳光、望月怀远、看山观云、听瀑赏水、冰天雪地、人物春秋、飞禽走兽、百花园里、物华天宝、黄河玛瑙和无题画面"。其中，一些石头画面看起来不错，甚至很美，可就是命不出名来；命不出来，又舍不得丢弃，只好收录在册，成为"无题画面"篇目。

至于解读文字，《陶然雅韵》比第一册显然多了，内容有所丰富，还增加了不少知识性的话语。尤其在情感表述方面，借题发挥，拓展寓意。其用意是表达自己的一种心境，想通过与石对话、依石述怀，吐露对大自然、对人生、对社会的一些领悟与希冀，不知能否尽如人意？不过，在第一册的"前言"最后部分已曾明言，就解读文字"全凭作者的感悟和解读时的灵感"，而且也曾坦言："从构思到完稿，我是做了十分的努力，想必仍有不足之处，只待读者赏评了"。这些话仍符合《陶然雅韵》的实情。解读文字中节选的诗文都标明了出处及作者，那些没有标注出处的诗文，则皆是本人的创作，以馈读者。

可以说，《陶然雅韵》仍是我与石结缘近三十年的一个情结，"但愿这份情节能给人们带来愉悦"，也能帮助读者在欣赏《陶然雅韵》时情不自禁地回归自然，走进大千世界。

陶敬道
2017 年 10 月

黄河奇石赋

齐培礼

古老黄河，尊为母亲，滋润华夏，孕育文明。
神农皇帝，流域出生，带领先民，开垦农耕。
播种五谷，麻棉织品，狩猎捕鱼，驯养畜禽。
制作工具，采石炼铜，生生不息，繁衍子孙。
中华民族，从此诞生，母亲摇篮，天下文明。
黄色巨龙，神州图腾，民族敬仰，千古崇敬。
黄河发端，青海高原，巴颜喀拉，雅拉峰巅。
山脉涌出，奔流不倦，九曲千折，接纳百川。
黑河湟水，洛渭汾沁，洮河大夏，清水文纹。
天际而来，浩荡向东，啸经九省，流入海滨。
黄河奇石，万物恒生，苍天手笔，母亲刀工。
女娲炼石，救世补天，精卫衔石，沧海平填。
夸父射日，陨石沉凡，仙女散花，星落人间。
迷人故事，代代相传，实为山岩，河力运搬。
日淘夜流，撞击磨炼，浪刷剥蚀，沧桑演变。
大千世界，天地人寰，神琢人觅，均蕴其间。
象形之石，质地坚硬，黑黝如墨，古朴味浓。
人物百态，动物千姿，形象优美，栩栩如生。
轻重有别，大小不同，小如拳掌，大盈千斤。
高立庭院，矮置案中，方方别异，无一相同。
观态思境，悠闲恬静，片石禅心，感悟人生。
画面之石，色艳图丰，妙手丹青，万象方寸。

一石一景，雅趣横生，一景一诗，意境韵浓。

雪域高原，山峦叠峰，雄浑壮美，神笔之工。

山水风光，人文景观，村落田园，大漠烽烟。

飞禽走兽，人事古典，日月星辰，天地人间。

块块奇石，争奇斗艳，多面观察，步移景换。

沧桑岁月，历史画卷，母亲恩赐，大爱无言。

纹理之石，点线方圆，规律有序，变化多端。

椭圆环线，斑马条纹，水波浮雕，曲线木纹。

涡漩斜线，疏密自然，相互转化，彼此依存。

色差明显，色纹互映，形纹互动，对称均衡。

万事万物，奇在石中，细心观赏，韵味无穷。

文字之石，类分三种，嵌入象形，浸润特征。

行草隶篆，样样精工，章法别致，结构匀称。

大家风范，笔力遒劲，流利洒脱，飞龙栖凤。

玉质之石，珍贵品种，质地细腻，滑而圆润。

晶莹剔透，色彩迷人，雕琢加工，身价剧增。

水上明珠，一见钟情，爱不释手，待之如宾。

生物化石，个个精品，海绵海藻，珊瑚甲虫。

龟鱼大象，蛤蚌恐龙，亿万年间，演绎而成。

远古遗迹，历史记印，古拙凝重，少罕稀珍。

黄河奇石，宇宙生灵，石中奇葩，中华之魂。

倾心珍爱，顽石有情，与石亲和，情有独钟。

知恩图报，返璞归真，保护自然，泽及子孙。

拜石为师，润德修身，延年益寿，受益终生。

注：①本文先后刊登于《甘肃楹联》《甘肃文史》《老战士天地》《阴平诗词》《兰州日报》和《石友》等书刊，2013年被《中国黄河艺术大典》评为一等奖。

②作者为甘肃省军区原政治部副主任，甘肃省观赏石协会顾问，著名军旅作家，黄河奇石评赏收藏家。

目录
Contents

一	龙飞凤舞	015
二	田园风情	021
三	沐浴阳光	047
四	望月怀远	053
五	看山观云	061
六	听瀑赏水	079
七	冰天雪地	099
八	人物春秋	109
九	飞禽走兽	155
十	百花园里	179
十一	物华天宝	191
十二	黄河玛瑙石	213
十三	无题画面	219
后记		229

龙飞凤舞

LONGFEI FENGWU

陶然雅韵 多彩的兰州黄河石

中华龙

18cm×20cm×6cm

变化非常物，含生类不群；
天渊无定在，大小忽相分；
万甲尽藏雨，浑身通绕云；
苍生方待泽，莫只睡无闻。
（明·陈成《龙》）

群龙游天

18cm×20cm×6cm

群龙腾飞游太空,
俯观五岳又昆仑。
天地阴阳转相因,
尽赏华芳舞祥云。
喜看人间多盛事,
锦绣神州飘彩虹。
从天而降回故里,
迎霄勿作老叶公。

骊龙衔烛

20cm×15cm×5cm

衔烛耀幽都,
含章拟凤雏。
西秦饮渭水,
东洛荐河图。
带火移星陆,
升云出鼎湖。
希逢圣人步,
庭阙正晨趋。
（唐·李峤《龙》）

陶然雅韵 多彩的兰州黄河石

飞龙
37cm×19cm×8cm

育德知何宅，
逢辰或见灵。
配乾虽有象，
作解本无形。
浃物周寰宇，
遗功在杳冥。
丹青如何状，
试下叶公庭。
（宋·韩琦《咏龙诗》）

龙腾盛世
21cm×15cm×8cm

伟哉中国龙，腾跃傲寰中。
行地为江海，巡天化螮蝀。
泱泱盈紫气，娇娇挟雄风。
奋发与时进，神州向大同。
（当代·张克复《咏龙》）

黄河龙

12cm×16cm×5cm

谁开昆仑源，流出混沌河。
积雨飞作风，惊龙喷为波。
湘瑟飕飗弦，越宾呜咽歌。
有恨不可洗，虚此来经过。

（唐·孟郊《泛黄河》）

云龙头

16cm×21cm×4cm

祥云冉冉升起，直跃青天。云端忽现龙头，气宇昂然，秀逸长空。灵气旋转于山水之间，舒展自如，蔚为大观。诗圣有诗曰：

龙似瞿塘会，江依白帝深。
终年常起峡，每夜必通林。
收获辞霜渚，分明在夕岑。
高斋非一处，秀气豁烦襟。

（唐·杜甫《云》）

蛟龙移

20cm×15cm×3cm

天昏地黑蛟龙移，
雷惊电激雄雌随。
清泉百丈化为土，
鱼鳖枯死吁可悲。

（唐·韩愈《龙移》）

凤求凰

12cm×11cm×4cm

  凤凰，古代传说中的百鸟之王，羽毛美丽，是为神鸟，为天地间"四灵"之一。雄的叫凤，雌的叫凰，常用来象征祥瑞，无缘者不得面见。

  相传，凤凰每五百年就要背负人世间的所有恩怨，集香木投身于烈火中自焚，以生命换取人世间的祥和与幸福；同时，它们也在浴火中得到重生，变得更加美丽与纯真。

  《山海经》曾记载：丹穴山"有鸟焉，其状如鸟，五彩而文，名曰凤凰"……"是鸟也，饮食自然，自歌而舞，见则天下安宁"。

  这块奇石不大不小，理想的"手掌石"，墨黑底色，金黄图案，十分雅致。一只金凤腾空而跃，拼命追逐心仪的凰。而凰呢，已掠身而过，凤只是衔住了它的一根羽毛，但仍不放弃，继续追逐。场景激烈，生动感人，演绎了一个"凤求凰"的爱情故事。

  欣赏这幅美丽动人的画面，不禁使人想起了汉代文学家司马相如笔下的那个爱情传说。司马相如以《凤求凰》为通体比兴的这个古琴曲，不仅表达了以自己为男主人公热烈的求偶思想，也勾勒出了男女双方的非凡理想与高尚亲情，以及特有的那种"心有灵犀"的默契，表现出丰富的文化意蕴。现节录其一，与大家共享："有一美人兮，见之不忘。一日不见兮，思之如狂。凤飞翱翔兮，四海求凰。无奈佳人兮，不在东墙。将琴代语兮，聊写衷肠。何日见许兮，慰我彷徨。愿言配德兮，携手相将。不得于飞兮，使我沦亡。"

田园风情

TIANYUAN

FENGQING

陶然雅韵　多彩的兰州黄河石

田野之春

26cm×18cm×10cm

水满田畴稻叶齐，
日光穿树晓烟低。
黄莺也爱新凉好，
飞过青山影里啼。
（宋·徐玑《新凉》一首）

水乡

12cm×16cm×5cm

一夜清霜，染尽湖边树。
（宋·陆游《蝶恋花》句）

春天在春风里醒了

上图：20cm×18cm×6cm

下图：22cm×16cm×4cm

春风吹醒了蛰伏的春困，春意便从田埂上冒出，在柳枝上私语，在泥土里撒欢，在田野里披上了绿装。

陶然雅韵

多彩的兰州黄河石

生命的泉

14cm×10cm×5cm

　　一场春雨，润湿了干涸的河道、悠悠的古道，还有那久渴的小山坡。骤然间，萌生了绿，遮住了黄，一片清新，几分秀色。右上角有眼泉，泉水露出了笑脸，溢出了的甘美玉液，好似在迎送南来北去的客。

乐在桃园

20cm×15cm×3cm

　　红雨落满枝桠，绿草铺在树荫下。一位老者带着他的小狗惬意地半躺在桃园的沙地上，一边与他的小伙伴逗趣，一边在吮吸着桃花的清香。生活本应就这样，与大自然融为一体，便是最好的颐养。

走进桃林

24cm×16cm×7cm

　　底面白净，呈现一片桃林。桃花着枝，朵朵艳丽，香气醉人。一位游客手托小儿，缓步行走在桃林，似乎在寻找当年陶渊明笔下那样的"桃花源"。可费尽心思，来去往返，就是找不着。当年十九岁的王维坐着小船，顺着溪水也去寻找陶渊明的那个"桃花源"，可就是"春来遍是桃花水，不辨仙源何处寻"。实际上，陶渊明的"桃花源"是不存在的，只是诗人在《桃花源记》中讲的一个故事，是他对美好田园生活的一种向往。

　　人还是应当回到现实中来，创造自己的"桃花源"，享受当下的生活。

两重天

17cm×16cm×8cm

　　这边，绿洲；那边，沙岗。有水是天堂，无水见荒凉。

柔春

5cm×7cm×3cm

　　春日的早晨，晴空万里，如水洗般的碧蓝。静谧的小山沟春意盎然，散发着清新的泥土香。不知不觉一阵阵带寒意的春风吹拂着一簇簇、一丛丛的花草小树，几芽芽、几叶叶地蓬勃起来，给小山沟添增了几多柔情、一些明丽。

远山近水空

29cm×19cm×5cm

晨曦水乡刚从睡梦中醒来,又被一层薄薄的雾纱笼罩在空蒙之中,娇美而清新。近水在微风的拂动下轻轻地游荡在田野之间;远山在雾纱的遮掩下时隐时现,恍惚中露出了一点脸面,令人仍不识它的真面貌。

江南美,江南的水乡更美。生活在北国的江南人,怎能不恋乡,又怎能不梦回江南。

瞭望陇塬

27cm×24cm×9cm

一声秦腔吼,眺望陇上塬。
阡陌横斜里,亦见水浇田。
树荫遮烈日,垠下见炊烟。
黄土心中在,归处是恬园。

梦里南山行
16cm×14cm×4cm

灌木丛丛，坡岿绿茵茵。
沟壑山涧，儿时打柴留身影。
咚咚泉水，一把炒面总省心。
旧路依然，而今只是梦中行。

注：①南山，在老家榆中连搭乡西南五公里处。老地名叫曳木岔，山林茂密，终年郁郁葱葱，多有野鸡、獐子等飞禽走兽，早年曾有豹子出没。小时候，作者经常邀同伴去拾柴火、打蕨菜。

②"一把炒面总省心"，指拾柴禾、打蕨菜的午餐，炒面（炒熟的杂粮面）就着泉水吃。

天地苍茫
16cm×14cm×3cm

黄天茫茫，何人语沧桑。
四野曚曚，何时话悲凉。
一曲古韵，响彻南北方。
毋诉衷肠，把酒入梦乡。

鸟瞰黄土高原

28cm×17cm×13cm

在这高亢的土地上曾有无与伦比的辉煌。亘古的秀美山川早已成荒漠，只有厚厚的黄土层仍承载着千古的记忆。然而，人为地破坏又被人为地恢复，荒漠里增添了几分绿色与希望。想必，历史的车轮会随着天体的运行和时间的推移，重返这雄浑的荒原，高亢的黄土地又将是山川秀美，灵光再现。

田园风情

TIANYUANFENGQING

水乡秋汛

28cm×19cm×8cm

秋汛来了，秀美的水乡田园一片汪洋，变成了名副其实的江南泽国。大河两岸的山坡洼地，顺从地浸泡在涨起来的雨水中，静候着汛潮的下落。

满面秋色入眼来

22cm×22cm×7cm

　　蓝蓝的天空，淡淡的云雾，黄黄的土地，红红的树林，绿绿的湖水，静静的初秋，徐徐入眼来。

瞬间即逝的黄昏

27cm×16cm×5cm

　　石上画面以充满诗意的矇眬，表现着大西北广袤原野在稍纵即逝的落日里留下的最后一道风景，那自然的宁静与淳朴，苍茫壮观。

陶然雅韵 多彩的兰州黄河石

小桃灼影

16cm×15cm×6cm

桃灼灼柳鬖鬖，春色满江南。
雨晴风暖烟淡，天气正醺酣。
山泼黛，水挼蓝，翠相搀。
歌楼酒旆，故故招人，权典青衫。

景色独好

12cm×9cm×4cm

　　天空、浮云、高山、峻岭、树丛、泉水、流瀑、沟壑、飞鸟、走兽……一副瑰丽的油彩画——黄土高原上原野风光的另一个彩面。

平凡的小村庄

27cm×21cm×13cm

落日的余晖映红了天际，也映红了河岸两边的小山村。一条小船即将靠岸，农夫们准备回家。生活原本就是这样的简单与平静，简单里有单纯，平静里藏纯真。

田园风情

TIANYUANFENGQING

满目灿烂

12cm×8cm×6cm

沙石上一簇簇高寒地带的苔藓植物爬满山坡，金黄的、藻绿的、黛青的……镶嵌得自然有致，耀眼迷人。

陶然雅韵 多彩的兰州黄河石

解读一：黄土高坡

19cm×17cm×7cm

周正的石之画面显示着大西北黄土高原台地的美景。厚厚的黄土层把山体装饰得严严实实，透出了粗犷野幽的田园风貌。一沟一壑，一台一塄，一弯一坡，错落得灵巧有致；一浓一淡，一明一暗，一浅一深，彩绘得雄奇古朴。这哪里是一块石头，分明是一幅伟岸厚重的西北高原盛景图。

解读二：农耕图

19cm×17cm×7cm

遥望黄土高坡，台地上有一群劳作的庄稼人，他们正在休息。山坡上新披的绿装郁郁葱葱，给他们添增了些许希望，而站在他们身旁的那匹高扬着头颅的肥壮马骡，似乎又在昭示着他们过上了好日子。

童话世界

22cm×21cm×7cm

　　古老的原始森林里充盈着祥和的紫气,奇异的花草树木溢出了喷鼻的幽香。密林深处到处是潺潺流水,鸟鸣猿啼。甚为添彩的是,画面左下方有一块空旷的草地,一群人正在漫步其间,欢快的笑语传向远方,似乎在给他处的游人传递一个讯息:"我们在这儿呢。"

陇上家园

18cm×12cm×4cm

　　山上山下一片金黄，河渠公路两下相望。秋日的田野到处都有耀人眼目的风光。

兴隆红叶

29cm×18cm×7cm

陇右名山数兴隆，
金秋十月叶正红。
橙黄白绿相映衬，
谁知深处是桦林。
注：兴隆，即兴隆山，在兰州市榆中县西南，距市区50公里、县城6公里，为陇右名山。1941年民国元老于右任先生游山后感慨道："西北风光何处秀，当属榆中兴隆山"。

胡杨林

36cm×19cm×7cm

  胡杨被视为活的植物化石,距今已有300万年至600万年的历史,是世界上唯一能与干旱和盐碱抗争的高大乔木。它能钻进50米深的沙层里扎根,所以有"生而千年不死,死而千年不倒,倒而千年不朽"的美誉。

  石上图景正是内蒙古额济纳旗胡杨林地的一处写照,望着它,不也就慢慢走进那片壮美的胡杨林吗?

陶然雅韵 多彩的兰州黄河石

丰收曲

14cm×20cm×8cm

田野里一片欢腾，有舞者，有歌者，还有以茶代酒者。一年的汗水终于迎来了一年的好光景。

收禾天

23cm×20cm×5cm

秋熟了，收禾了。沉甸甸的果实压弯了穗头，欢快的人群正在收割完了的一块空地里歇息逗趣。一年的庄稼两年务，滴下的汗水结成了金蛋蛋，庄稼人盼的就是这一天。

野趣

20cm×21cm×5cm

秋收后的田野到处都是休闲地，不用寻觅什么亭台楼阁，也不怕踩踏什么禾苗庄稼，空旷的农田里任你漫步，尽情撒欢。

你看，一家人正合围而坐，沾着泥土，吸着清香，吃着野餐，讲着笑话，一下子把生活变得实，把人变得真。

沙海里有一条路

32cm×22cm×11cm

沙海里有一条路，通向绿洲。这条路连接着两个绿洲，一个在东，一个在西；一头迎着太阳，一头送走落日。但愿这条路越来越短，把两个绿洲连成一片，让沙海变成良田。

陶然雅韵

多彩的兰州黄河石

凌霄

16cm×18cm×5cm

昨夜秋风急，
晨起残叶飞。
寒霜白如雪，
不见鸟儿归。

临风

16cm×18cm×5cm

秋霜着叶吐寒意，
清风摇翠飘竹香。

生命的湖

20cm×10cm×5cm

两山之间，黄土筑起了一道厚重的堤坝，流水、泉水、雨和雪水都被拦在里面，库存起来。天旱不雨时，开闸放水，浇灌良田。这便是大西北旱塬沟壑里蓄水的生命的湖——水库。

沙丘

20cm×12cm×6cm

漠北的沙丘被风吹得一层一层、一塄一塄，织成了一块巨大的沙毯，挂在天边，似云卷，如浪翻。无际的天空也被风吹起的尘埃蒙上了一层淡黄色的纱帐，与厚厚的沙毯遥相互映，呈现着一个色。

陶然雅韵 多彩的兰州黄河石

大漠黄昏
28cm×25cm×12cm

大漠风尘扬，
塞外古道悠。

古原
21cm×19cm×10cm

落雪无几，化作白水几多。
抬望高阔，层层云崖如波。
满眼一色，染尽黄土田野。
淡淡隐烟，尽是橙黄素裹。

高原湿地

23cm×13cm×8cm

没有鲜花盛开的娇艳，但依然有沁人心脾的蓝；没有鲜红倒影的妖娆，但依然有纯净心灵的白。蓝和白这两块生发魔力的色道，永葆着这一方净土的纯，将美丽的舞台留给了同样生机勃勃的水与草。

田园风情

TIANYUANFENGQING

湿地

16cm×12cm×4cm

湿地被疯长的水草"肢解"了，只剩下零星的水洼泛着蓝光；弯弯的小路也被密集的芦苇挡住了去路，无径可通。一眼望去，整片整片的草丛竟然变成了青纱帐，把什么都能藏得住。

陶然雅韵 多彩的兰州黄河石

唯有活水源头来
28cm×22cm×7cm

这里草木茂盛，水网密织，涵蓄而丰沛，许多江河都从这里流出。

画中的诗（正面）

26cm×20cm×6cm

当年，诗圣杜甫从窗口望见远处西山上长年不化的雪、门外江边停泊的行程万里而来的船舶，写下了"窗含西岭千秋雪，门泊东吴万里船"的千古绝句。石上画面正好展示了杜甫所看到的那种图景。

黄扬河湿地（背面）

26cm×20cm×6cm

远山低矮平缓，近湖幽静清浅。
芦苇荡里藏水鸟，只听蛙声不断。
黄扬河水南去，浇出湿地多片。
茫茫水天共一色，造了人间花园。
注：黄扬河在珠海，流经斗门区时，在两岸造了许多湿地。

野火·春风

20cm×15cm×3cm

熊熊烈火烧起了原野上枯萎的花草,不久便成灰烬,可来年的春风一吹,仍茂盛如初。唐代大诗人白居易在《赋得古原草送别》中就表达了这种万物生生不息的理趣。诗曰:

离离原上草,一岁一枯荣。

野火烧不尽,春风吹又生。

沐浴阳光
MUYU YANGGUANG

红太阳
20cm×23cm×5cm

一轮红日冉冉升起,把苍穹照得通亮,万物苏醒,开始了新的希望。欣赏这方奇石,不由得在耳边响起了"东方红,太阳升,中国出了一个毛泽东……"的陕北民歌。

日出(一)
20cm×15cm×3cm

日出江花红胜火,春来江水绿如蓝。

日出(二)
21cm×18cm×8cm

曙光照耀在天际时,黑夜已经离去。大地在沉睡中苏醒,万物在阳光下跳跃,新的一天又开始了。

太阳出来了

4cm×6cm×3cm

　　早晨的云雾还没有完全散去，太阳便慢慢地露出了脸面。灰黄色的天空好像刚从睡意中醒来，曚曚昽昽的。晨曦里，湖水被冷风吹起了波浪，一道一道的，渐次去了远方。草丛、田埂和小路都已显出了身影，如昨天一样，充满了活力。

沐浴阳光　MU YU YANG GUANG

尽销云雾照乾坤

21cm×16cm×9cm

　　天上刮起了一阵旋风，把太阳刮进了一团云雾，顿时间失去了光耀。然而云雾毕竟是云雾，即使乌云滚滚，也终究遮不住太阳的光辉。待到云翳散尽时，它依然光芒四射，普照乾坤。宋代杨万里《日出》一诗曰：

　　散云作雾恰昏昏，
　　收雾依前复作云。
　　一面红金大圆镜，
　　尽销云雾照乾坤。

艳秋如妆
19cm×24cm×6cm

十月的早晨,太阳被云雾变了个脸面。经历甘露的洗礼,显得清新灿烂。在高山之巅,它把红土山崖浸染得如血一般。

十月的早晨,阳光下的湖水宁静、湛蓝。没有荡漾的轻波,更无扰人的嚣烦。满眼的秋色,似画如妆,相看不厌,别时也恋。

正午时分
9cm×12cm×3cm

红日高悬,
奇峰耸立,
万笏朝天,
正午时分。

晚霞夕照

19cm×16cm×5cm

"日有升沉起落,固有晚霞余影。"

(星云大师语)

"最后的晚霞和最初的晨曦一样,都是光照人间。"

(清华大学教授赵家和先生语)

陶然雅韵 多彩的兰州黄河石

晚霞夕照

15cm×16cm×15cm

夕阳无限好，晚霞别样红。

望月怀远

WANGYUE
HUAIYUAN

日月同辉

17cm×12cm×7cm

宇宙奇观呈具象，
弯月拱日同生辉。

半个月亮爬起来

20cm×15cm×3cm

半个月亮爬上来，把天空照得朦朦胧胧。一条小船趁着月光缓缓从湖中驶来……

日月同辉（正面）
28cm×30cm×12cm

盛夏夜空，微风浮动，
彩云追月，天上明月连海平。

彩云托月（背面）
28cm×30cm×12cm

盛夏夜空，江水涌动，
彩云托月，海上明月共潮生。

望月怀远

WANGYUE HUAIYUAN

月儿圆

20cm×15cm×3cm

皓月洗长天,
甘露净尘寰。
晴空阔万里,
欲唱无琴弦。
在天觅知音,
环地写诗篇。
待到十五夜,
再谱《月儿圆》。

月华

10cm×23cm×6cm

月华,天象。
月光通过云中的小水滴或冰粒时发生衍射,在月光周围形成的彩色光环,内紫外红。

水中望月

16cm×16cm×8cm

解读一:
水底有明月,水上明月浮。
水流月不去,月去水还流。
摘自《中国地理杂志》

解读二:
竹影扫阶尘不动,
月轮穿沼水无痕。
(唐·雪峰和尚的上堂语,摘自《禅解菜根谭》第249页)

陶然雅韵 多彩的兰州黄河石

天象就在湖水中

9cm×11cm×2cm

　　月光下，湖水中有乌云涌动。抬头望，一弯新月挂在天边。原来是，天上的景象映照在湖水之中。

中秋约

14cm×19cm×5cm

早有中秋约，千里盼团圆。
水中半个月，过时人不还。
夜阑叹孤寂，欲把云望穿。
天地有合分，月儿也难全。

望月怀远

WANGYUE HUAIYUAN

海上生明月

12cm×13cm×3cm

海上生明月，天涯共此时。
（唐·张九龄《望月怀远》）

但愿人长久，千里共婵娟。
（宋·苏轼《水调歌头》）

虹桥映月

21cm×22cm×8cm

　　圆圆的明月挂在天上,照得大地通亮通亮,如白昼一样。一阵轻风赶走了一天的喧嚣,抚慰着疲倦的湖水;几缕青色的芦苇摇曳在湖面,荡涤着人们留下的污渍。

　　湖中的小岛和弯曲的路径已朦胧入睡,待养足精神后迎接来日的脚印。唯有那美如虹波的卧桥仍在兴奋之中,向明月复述着游人的欢歌笑语。明月呢,俯视着湖面,亲昵地与虹桥对视,倾听着虹桥告诉它这里的故事。

看山观云

KANSHAN GUANYUN

陶然雅韵 多彩的兰州黄河石

淡美

23cm×20cm×11cm

　　山峰的积雪在慢慢消融，留下了一层薄薄的冰幔附着在峭壁上。平远眺望，厚重的峰体尚未还原本来的雄伟，看起来朦朦胧胧。

　　然而，在高天淡雾的映衬下，眼前的峰丛反而显得高远而清爽，呈现出一种淡淡的美。有诗云："山穷云尽时，隐隐两三峰。"此石，正含此意境。

春回大地一色青
23cm×31cm×10cm

  一条大河把胜景分成两段：这边，田野；那边，山岚。

  田野：阡陌纵横，白水汪汪，禾苗青青。

  山岚：低处，村庄的轮廓隐约可见，院落的墙垣似乎隐蔽在丛林之中；高处，台地拾阶而上，返青的冬小麦郁郁葱葱，生气昂扬。

  大河：清澈见底，浪花涌起，水声涛涛，似乎仍在催奋春天的脚步；一艘轮船已经开启，随势而下，忙着春运。

  这幅图案：初观，不过是山水田野，平平淡淡；再观，田野、大河、山岚，景色分明，意蕴深涵；细观，宋人笔意跃然石上，浓淡分明，虚实相映，尽显水墨功力。正如国画大师黄宾虹所言："山水乃图自然之性""不写万物之貌，乃传内涵之神。"石上图景正是表达了我国北方农村冰雪融化后的春意，冬小麦返青时的那种精气神。

看山观云　KANSHAN GUANYUN

祁连雄风

50cm×23cm×15cm

祁连巍峨显雄风,
走廊逶迤贯河西。

简　约

25cm×20cm×5cm

　　简约的笔画勾勒出一块巨大而又淡雅的山岩，几棵秀丽的小树沿着山岩的峭壁攀援而上，英姿勃发。画面的右上角一轮红日把薄雾染得淡红淡红，又把山岩和小树映照得素雅清新，俊美脱俗。

青山一发
20cm×29cm×10cm

小巧灵秀的林木点缀在山石之中，有的破石而出，有的蓬勃劲拔，有的却连枝攀缠、携手相随，显露出刚柔相济之美。再看那沟壑之处，小溪潺潺，泉水涓涓，别有一番"水绕青山，青山含水"之情趣，构建出一幅清幽淡雅、俊美别致的青绿山水图。

一山独秀
22cm×32cm×10cm

一峰从地气，傲立云雾中。
远眺向绝顶，无意划天开。
新空隐秀色，满眼无尘埃。
淡淡烟云里，清香徐徐来。

贵清峭壁

13cm×12cm×2cm

甘肃有一处风景胜地，山势奇伟，千峰竞秀，林木繁茂，流水潺潺，自古就有仙境美誉，这便是位于定西市漳县南部的贵清山。

贵青山山顶较平，山景分头峰、中峰和西峰，尤以西峰为最险，距中峰只有13米，由一座宽仅1.6米的引桥连接，孤峰拔地，危峭壁立，怪石嶙峋，极其壮观。

20世纪80和90年代，作者曾两次到过贵清山。一次是在山顶游览，一次是由山顶下到山底，徒步在15里长的极窄山谷沟涧。沟涧里，流水不断，两面峭壁直达峰顶，抬头仰望，犹如行走在"天河"之中、"一线天"之下，甚为惊悚。更为奇特的是，南谷瀑布从北岸千仞壁岩中破壁而出，扬扬洒洒，不由得令人惊呼：苦甲天下的定西，竟然有如此绝妙胜景，真乃苍天恩赐！

九华奇峰

15cm×22cm×10cm

　　九华山，原名九子山，素有"东南第一山"之誉。唐天宝年间，李白上山写下了"妙有分二气，灵山开九华"的诗句，于是易名九华山。

　　九华山的神奇脱俗，让她成为大自然造化的精品，境内群峰竞秀，怪石林立，九大主峰如九朵莲花，千姿百态，各具神韵。清溪幽潭，飞瀑流泉，构成了一幅清新自然的山水画卷。

　　石上图景，积雪初晴，朝霞映峰，尽显九华的雄奇灵美，正如李白六十一岁第三次上九华所吟诗一样，遥望九华，秀出九芙蓉：

　　遥望九华峰，诚然是九华。
　　苍颜耐风雪，奇态灿云霞。
　　曜日凝成锦，凌霄增壁崖。
　　何当余荫照，天造洞仙家。

（参见姜宏豹、陈寿新编著的《九华山名胜传奇》）

险 峰

13cm×16cm×3cm

峭壁悬崖万仞山,
高耸入云接蓝天。
苍茫云海飘不定,
只留群峰在人间。

雄秀峨眉

10cm×9cm×7cm

大峨两山相对开,
小峨迤逦中峨来。
三峨之秀甲天下,
何须涉海寻蓬莱。
(南宋·范成大诗句)

岭上苍松

17cm×17cm×6cm

岭上苍松在,
凌霄总不凋。
(清·李芝《东郊即事》句)

泼墨山水

11cm×11cm×3cm

　　这块石头虽然很小，但展现给我们的画面图景却很大，是一幅气势磅礴的泼墨山水图。近景有河流水泊；中景有山岚奇峰；远景有云雾高山。一色的着墨：近的浓，远的淡；近的明，远的曚昽。就画面整体而言，实中有虚、虚中有实，虚实相生，一墨统之。虚白处不虚，乃缥缈的云雾和蓝天，正好映衬着山的浓郁、峰的奇伟；实的景虽实，但不严实，实中仍有虚，墨的浓淡使山体和奇峰阴阳分明，云雾的缭绕突显出沟壑的深浅，构成了"实"这一局部的虚实相映。而虚白处，则有实的山峦，构成了"虚"这一局部的虚实相映。这两个局部组成的整体，把中国绘画的泼墨山水表现得淋漓尽致，又把中国绘画的虚实结合、虚实相生的最高境界诠释得绝妙精准。

独秀峰

24cm×28cm×8cm

孤峰不与众山俦,
直入青云势未休。
会得乾坤融结意,
擎天一柱在南州。
(唐·张固《独秀山》句)

奇险天下第一山

8cm×12cm×3cm

木纹线条神奇地勾勒出"挺拔俊俏、势凌云天"的西岳华山。

宋代名相寇准曾有一首《咏华山》的诗歌,把"无限风光在险峰"的那种雄奇气势描绘得惟妙惟肖,令人称绝。诗曰:

只有天在上,更无山与齐。

举头红日近,回首白云低。

奇峰逞雄

12cm×24cm×4cm

重峦叠嶂,寸草不生的裸露奇峰,山尖如削,傲骨铮铮,仿佛悬在半空。针叶林、灌木林,拾阶而上,分布在层层的峰林之中,衬托着座座奇峰的雄伟与壮丽。

黄河石林

17cm×9cm×7cm

"黄河石林"位于甘肃省景泰县龙湾村,黄河在这里拐了一个弯,石林就在转弯的周边,占地约10平方公里。景区群山环抱,由橘黄色的砂砾岩构成,"从气势上讲,它也远胜于喀斯特石林,喀斯特石林的相对高度一般在三四十米,黄河石林的高度却可以达到60—200米。"(《中国国家地理》杂志语)。

石之图案是黄河石林的一处特写镜头——峰林奇观,绝壁凌空,气势磅礴,为不可多得的传神造型,犹如雕塑大师的梦幻之杰作。若是在景区内登上"观景台",放眼一望,竟是一个"春笋"竞发的海洋,令人惊叹不已,顿感什么叫壮美,什么又叫惊心动魄。

空灵的山
13cm×11cm×5cm

云飞留痕,雾里显山形。
壁峰空蒙蒙,鸟儿无踪影。
远脊无彩,黛青不峥嵘。
极目高远处,仍是一片空。
近岭不语,谷底也无声。
淡淡絪缊里,悠然入禅境。

阳光下的秋景图
11cm×14cm×5 cm

山上的桦木林,在阳光的映射下,一片彤红;山下的湖水,在阳光的映照下,泛着潾潾的轻波。两相互映,勾画出一幅明丽爽朗的秋景图。

云龙井冈山

18cm×22cm×10cm

　　井冈山的山是一座英雄的山，它点燃起中国革命的火种，在中华大地燎原燃烧，竖立着永不言败的丰碑。井冈山的云雾又是柔美的，清淡的，缭绕在雄健山峦群峰之间。它的姿态，有时候一泻千里，摆出行云流水的自如；有时候缠在山腰，如娟似瀑，不舍山岩；有时候温顺含蓄，藏着百种柔情，千般絮语，如欲开的杜鹃花，含苞待放。

　　井冈山的山水互映、云雾缥缈，不同于"黄山烟雨"磅礴万里的气势，也不同于"三清烟云"就在身旁的亲近。它有一种柔美，一种令人向往的敬仰；它不但有一个天生的俊俏模样，而且孕育着更多的云卷云舒的美丽传说与可歌可泣的动人故事。

云深不知处

49cm × 20cm × 11cm

云从山后起,山前作翻腾。
风起逐浪高,锁尽群山峰。
坐看石上景,不识观景亭。
从来多少事,都在舒卷中。

群峰争鸣

20cm×12cm×7cm

阴与阳，黑与白，浓与淡，远与近，高与低，都是神采笔意。

天上飘起五彩的云
15cm×11cm×4cm

云，这种漂浮于天际的风景，有时淡薄得让人感觉不到它的存在，有时却绚丽得令人心胸激荡、神魂颠倒。

两幅图景是一块石头的正反两个面，都是漂浮着的五彩云。

听瀑赏水

TINGPU
SHANGSHUI

陶然雅韵 多彩的兰州黄河石

白练垂壁
33cm×24cm×8cm

　　石上图景似青天的顶部被撕开了一个口子，泻出万丈泉水。这泉水像一条裁剪过的白绢，高悬在秋天的半空中。有诗曰：
　　豁开青冥颠，泻出万丈泉。
　　如裁一条素，百日悬秋天。
　　（唐·施肩吾《瀑布》）

珠帘风月

16cm×8cm×4cm

　　远远望去，宽阔的崖壁上飞泻而下的流水好似扯出的一块银白色的大门帘，悬挂在半空中。优雅的流水造型就像妙龄女郎的秀发一样，轻柔洒脱，飘飘欲仙；缓缓流下的水声如名家拨弄的琴弦一样，柔美动听，润人心田。这便是贵州赤水十丈洞大水帘的写照。

　　注：赤水大瀑布位于贵州省赤水市南部的风溪河上游。赤水人把瀑布称为"洞"，认为（传说中）神仙住在洞府，那一挂一挂的银丝就像是洞府前的门帘。

迢迢长水从天来

22cm×22cm×10cm

万丈红泉落，迢迢半紫氛。
奔流下杂树，洒落出重云。
日照虹霓似，天清风雨闻。
灵山多秀色，空水共氤氲。
（唐·张九龄《湖口望庐山瀑布水》）

流瀑清音

14cm×12cm×8cm

　　流瀑缓缓地从并不陡峭的山岩上奔腾而下，被山岩的峭壁梳理成无数的经线，像丝帘一样挂在门前。流瀑虽没有狂泻的磅礴气势，但它激起的浪花洁白如雪；虽不是从天而降，但它柔美的姿态妩媚动人，奏出了悦耳的清音，吸引着南来北去的客。

倾壶之势

10cm×8cm×6cm

　　石上画面,虽不是"壶口瀑布"的"像照",但其形、其势、其态、其色,犹如真的一样,澎湃激越,雄浑壮丽。

　　明代曾有人作诗曰:"源出昆仑衍大流,玉关九转一壶收",将壶口的险峻与气势描绘得淋漓尽致。

飞珠溅玉

11cm×15cm×6cm

　　河水凌空而下,激起千堆雪、万叠浪,那种勇往直前、飞珠溅玉的神韵,令人真正领略到"千军万马"在厮杀与奔啸中跌入万丈深渊的磅礴气势。

积石飞涛

14cm×11cm×5cm

　　河水从峡谷喷涌而出,打了几个漩涡向东流去。滚滚的白水,阵阵的雷声,似金钟齐鸣,如万马奔腾,气震峡谷。

天泻黄河

16cm×16cm×5cm

黄河落天走东海,
万里泻入胸怀间。

(唐·李白《赠裴十四》)

天之水

6cm×11cm×4cm

黄河之水天上来,
奔流到海不复回。

(唐·李白《将进酒》)

听瀑赏水

TINGPU SHANGSHUI

陶然雅韵 多彩的兰州黄河石

龙潭

14cm×12cm×4cm

  龙潭是安徽九华山中的一处名胜，系飞瀑汇落而成的一个巨潭。大唐僧释应物在山上作僧人时常有诗作留世，其中《龙潭》一首淋漓尽致地描绘了龙潭及其周围绮丽清新的自然风貌，并以丰富的想象、准确的刻画及明快的节奏，表达了对大自然的热爱。

  石激悬流雪满湾，五龙潜处野云闲。
  暂妆雷电九峰下，且饮溪潭一水间。
  浪引浮槎依北岸，波分晓日浸东山。
  回瞻四面如看画，须信游人不欲还。

九曲黄河

32cm×20cm×12cm

九曲黄河万里沙,一路高歌自天涯。
塬上黄土流不尽,千里沃野数宁夏。

江河源

16cm×15cm×8cm

青山遮不住，
毕竟东流去。

咆哮的黄河

19cm×10cm×8cm

金涛澎湃，
掀起万丈狂澜。
洪流迴旋，
结成九曲连环。
石壁峭立，
拍激水雾云烟。
遥望高天，
咆哮指向谁边？

黄河奔腾炎黄血

47cm×17cm×6cm

　　黄河奔腾着炎黄的血，昆仑决，云崖崛。莫忘锦绣曾裂，百年耻辱今方雪，江南花香舞彩蝶。九天揽月，满天星斗信手撷。炎黄火炬，世世代代不灭。

　　黄河奔腾着炎黄的血，龙门跃，沃壤列。莫忘金瓯曾缺，百年耻辱今方雪，中原鸟语唱绿野。五洋捉鳖，四海波涛信步携。炎黄大志，子子孙孙相接。

注：（洪元基《洪元基诗词集》之"祖国魂·炎黄血"，第114页）

洪荒
15cm×15cm×9cm

　　森林不见了，草地沙化了，洪水、猛兽出现了，淹没了农田，吞噬了村庄，夺走了生命。人，无情地破坏了自然；自然，也就无情地报复着人。

古渡口遗址
18cm×14cm×3cm

　　石上图景是兰州近郊的一处古渡口遗址，若不是有"地标"显示，谁能知晓它就是曾经辉煌金城（兰州）的交通码头呢。渡口，作为连接两岸、沟通不同人群的支点和人们跨越大河的基石，使天堑变成了通途。漫长的岁月里，它与大河相依相存，见证了金城的兴衰史。

　　而今，渡口已不复使用，更无船只停放在那里，但它残存的遗迹却依稀可见，诉说着曾经的故事，那种"野渡无人舟自横"的情景，恐怕再也找不回来了。

暗香涌动

20cm×19cm×11cm

柳丝像秀发一样绵柔,花絮如白雪一样轻盈;河水湛蓝得光可照人,卵石涌动中各显其态,鱼翔浅底,尽欢自由;惠风和畅,天地融融;暗香扑来,入醉入梦。

一帆风顺

25cm×16cm×12cm

远岫有无中,片帆烟水上。

(唐·权德舆《汉江临眺》句)

不了黄水情

15cm×13cm×6cm

黄色的流水裹着黄色的泥沙在一处处灌木林、乔木林淌过，无情地又刮走了一层层黄土泥沙，不断地造就着一道道深沟险壑。留下的，是冲刷不走的岩石和山林，出现了如图显示的残美景观。

净美

20cm×17cm×11cm

天连着水，水连着天，水天共一色，秀出了一个"净"。湖水孕育着芦花，芦花点缀着湖水，湖水与芦花共一体，绘出了一个"美"。

夜静水寒鱼不睡

15cm×18cm×5cm

月色朦朦，湖水澹澹。
鱼翔浅底，悠悠然然。

夏夜荷塘任鱼游

18cm×20cm×6cm

夏夜的荷塘一片寂静，盛开的荷花已收起了花瓣不知躲在哪儿去了，可鱼儿们还未入眠，尽情地你追我赶，游来游去，享受着天性里所固有的那份快乐与自由。

翠山池里鱼儿游

16cm×20cm×5cm

远山含笑,近水轻柔,青草随波,鱼儿悠游。

湖中小岛如叶飘

22cm×28cm×10cm

落日的湖面美得透亮。湖中的小岛如树叶一样漂浮在水面,在缭乱的眼花中移动。小岛上,菖蒲摇曳,芦苇起舞,给落日的湖面增添了几分沉寂前的灵动。

陶然雅韵 多彩的兰州黄河石

水花

27cm×20cm×10cm

如花，比花更娇艳妩媚；
似玉，比玉更晶莹剔透；
像丝，比丝更轻盈柔绵。

碧波粼粼细无声

17cm×14cm×7cm

　　湖面上有微微的粼光，乃是轻轻的风儿吹起的波浪。波纹细得像梳过的羊毛，无声地在湖水中荡漾。

　　遥望天上，天上的云雾白里透黄。借着明月的光芒，无言无语地停留在穹苍。夜，在无声中寂静，静得只听见天籁的音响。这是极静中的灵动，化成了天地间的一种美的意象。

江南的水

15cm×20cm×4cm

　　"江南的水清柔，如同绸缎般，清柔得一眼望到底，没有任何遮拦和悬念。"

　　"有了水，江南才充满光鲜；有了水，江南才会成为可人的小家碧玉。悠闲地飘荡在这静静流淌的碧绿的水上，时间的脚步也放慢了，杂芜的心事逐渐淡远，思想和灵魂仿佛被洗涤一新。人生何尝不是一湾清水，浮躁和喧哗，功名利禄皆会飘然而去，平平淡淡才是真。"

注：以上文字摘自2016年上海浦东中考一模作文范文《告别》（原载《读友报》2016年第887期）

陶然雅韵
多彩的兰州黄河石

滚滚长江东逝水

31cm×21cm×12cm

　　望着这幅风光无限的图景，东逝的长江水依旧奔腾不息，不由得令人再一次感叹："千古兴亡多少事？悠悠，不尽长江滚滚来！"

冰天雪地
BINGTIAN XUEDI

冰封的北国原野
25cm × 18cm × 9cm

隆冬时节,冰雪把大地覆盖得严严实实,透不出一丝尘埃。一眼望去,千里原野惟余莽莽,一切都归于寂静。空气过滤得格外清新,万物净化得尤为安宁,此时此刻,步入北国原野,心旷神怡,物我皆在空灵之中。

冰峰雪岭

25cm×19cm×6cm

　　尚未完全融化的冰雪把奇峰峻岭装扮得格外靓丽，黑白有相，阴阳分明，在阳光的照射下熠熠生辉，绣出了峰的"骨"，岭的"脊"。

红妆素裹

18cm×20cm×8cm

绯红的山岩被厚厚的积雪覆压在下面，只露出了一点身段，其姿态像白雪公主一样娇美动人。阳光里，山岩与积雪互为掩映，秀出了圣洁雪山的华丽与纯真。须晴日，一眼望去，红妆素裹，分外妖娆。

林海雪原

24cm×17cm×7cm

落雪了，偌大的林海一片洁白，巍巍群山被曚曚日光照耀得苍苍茫茫，只有那一道道山涧沟壑还在挣抗着风雪的浸染。

雪迹

27cm×13cm×6cm

高高的雪山被巨大的冰体围裹着，孕育了一片冰清玉洁的雪域森林。白雪皑皑的山峦严威地伫立在那里，摆出一副孑然傲世的姿态与遗世独立的壮美。

雪痕

20cm×14cm×11cm

目力所及，山峰像一座座银雕玉琢，在阳光下闪烁着奇异的蓝光。纵横在沟壑的冰帘像一串串的翠珠挂在山间，仿佛有什么神灵在那里建造着冰雪寒宫。

（此石为石友侯正辉所赠）

冰天雪地　BINGTIAN XUEDI

北国情怀

16cm×20cm×5cm

"北国风光,千里冰封,万里雪飘"。
山河原野,茫茫大地,尽领风骚。

山舞银蛇

15cm×10cm×6cm

银蛇起舞，舞出一道道山梁。
白雪皑皑，闪烁一束束银光。
耀眼的冬日里，也有雪野的疯狂。
不在北国，壮美的雪景，
可在石头上欣赏。

陶然雅韵 多彩的兰州黄河石

冰挂

23cm×32cm×4cm

数九寒天，山岩上一股一股的流水戛然而止，结成了一串一串的冰凌，挂在崖壁，在阳光的照射下发出熠熠光彩。待来年春暖花开时，那一串一串的冰凌会慢慢解冻，连同远道而来的流水又从山岩上一股一股地潺缓泻下来。

兰州雪花石

上图：14cm×15cm×3cm

下图：16cm×11cm×5cm

雪花石是兰州黄河石中的一个珍贵品种，大都以片状画面出现，象形的也有，但不多。底色主要为黑色，其次是绿色、黑绿和浅黄绿色的，花色一般为白色，兼有泛黄、泛绿、淡红的。从目前发现的雪花石中，不规则的疙瘩石较多，而石形好、花瓣大、色泽鲜亮者，少之又少。

兰州石友对雪花石钟爱有加，怀有一种特殊感情。须知兰州地区地处黄土高原，常年缺雨少雪，尤对甘肃中部干旱地区来讲，总希望春夏多雨、冬季多雪。所以，见到一块雪花石，或家藏一块雪花石，心情倍感兴奋。正如赏石名家王解元先生所述怀的那样："雪花是冬天盛开的鲜花，尽情地装扮银色的世界；雪花是滋润泥土的馨芳，有了她才有春天的希望。"

雪花石，天上飘来的花，兰州石友的宠爱，银装素裹的美。

圣洁的雪花
18cm×14cm×4cm

雪花圣洁，雪花轻盈，在洗过天空的尘埃后，悠然落下，给大地一个深情的吻。

瑞雪兆丰年
16cm×20cm×5cm

雪花飞，飞在天空是朵花，落在地上满是银。

雪花飘，飘在树上是美景，铺在田野造仓廪。

雪花的联想
22cm×36cm×6cm

雪花，让尘埃落定，大地生辉。

雪花，把快乐带到人间，把忧伤化作泥土。

雪花，四季轮回的一个罔替，春天起航，夏天扬帆，秋天远航，冬天归航。

雪花，从天上带来福音："冬天已经来了，春天还会远吗？"

人物春秋

RENWU CHUNQIU

陶然雅韵 多彩的兰州黄河石

拜石图

16cm×15cm×7cm

　　宋代大书法家米芾爱石爱到疯狂,见石就拜,还称石为"石丈",人称米颠。他创立的"瘦、漏、透、皱"四字诀,至今仍是赏石界赏石的标准

赏石图

15cm×18cm×8cm

　　老者的头颅和身子是两块单独的石头粘接在一起,另一块小石头是随意放在石座上让老者欣赏的。

　　清人赵继恒有诗云:"叠叠高峰映碧流,烟岚水色石中收。人能悟得其中趣,确胜寻山万里游"。也许,这就是诗人赵继恒的赏石心得。人们只要悟得石中的趣味,确实胜过涉足万里去寻觅"叠叠高峰映碧流"的景色;只要毕恭毕敬,在观赏奇石中入眼入心,那"烟岚水色"岂不就在石中了吗?

老君崖
14cm×21cm×8cm

画面分近、中、远三景。近景是右部的一座伟岸的山崖，山崖侧面造型酷似我国道教先祖老子侧身像，头部五官突显，发髻高翘，胡须垂胸，神态凝重，一双深邃的眼睛在眺望远方，若有所思。中景是隔河相望的山峦，清澈的河水从脚下缓缓流过，在山崖处拐了一个弯，向东流去。远景是隐约可见的黄土高原，拱卫着山崖。

画面整体，实景为深紫色，辅景（底色）为乳白色。两色相衬，对比明显，一虚一实，托出了近景崖岸的雄伟挺拔，中景山峦的高耸俊秀，远景黄土高原的苍茫淡泊。

布道

16cm×19cm×7cm

布道者在宣传教义，
教徒在洗耳恭听。

佛光普照

22cm×21cm×7cm

石上图案是一幅释迦牟尼出道成佛时的侧面头像，慈眉善眼，神态若定，圆润的脸庞里透出了他那大智大慧的非凡气度。头像周围光芒四射，昭示着他的德行已在普照大地，拯救着芸芸众生。他就是一位"自觉、觉他、觉行圆满"的"觉者"，功德无量的佛祖。

伏虎罗汉

32cm × 20cm × 10cm

  图案显现的是一只老虎趴在地上，拜在一位尊者的脚下。传说尊者所住寺庙外常有猛虎因饥饿长哮不止，他便把自己的饭食分给这只老虎。时间一长，致诚感通，猛虎就被降伏，并常和他一起玩耍。久而久之，这位尊者就被称为"伏虎罗汉"。

膜拜

16cm×15cm×4cm

教徒在虔诚地行礼，
祈求教主的赐福。

悟

14cm×18cm×6cm

　　世上多少先贤大德大都有在深山老林和清净之地修身悟道的经历。当他们明白了佛理"空"的真谛后，心灵就像皎洁的月亮一样，纯净与敞亮。此时此刻，光明的道路就在眼前，是不需再问别人要去何方了。

　　唐代高僧寒山的一首禅诗就诠释了佛理"空"的真谛：

　　千年石上古人踪，

　　万丈崖前一点空。

　　明月照时常皎洁，

　　不劳寻讨向西东。

观心彻悟
10cm×15cm×6cm

　　距离最近却不能看见的，是眉和目；与人最亲却不能知晓的，是心和性。眉目虽不能看见，但对着镜子就可以见到；心性固然不能知晓，但彻底省悟之后就可明白。如果没有省悟却想知道心性的深奥底蕴，这就如同离开镜子却想看见自己的眉目一样。
（《天目中峰和尚广录》卷十一译语）

面壁·留影
12cm×14cm×6cm

　　石上画面，一条黑色的飘带勾勒出一座山洞，达摩身坐其中，宁静恬淡，一心参究，以期证悟本自心性。天长日久，达摩面壁的石壁上竟然有一副酷似达摩形象的身影，成为达摩参禅时专注神态的印迹。

静虑

26cm×21cm×12cm

　　一杯浑水，不去摇晃它，就会自然澄清；一杯清水，不停地摇晃它，也会变浑。

　　人同此理。要是不停地摇晃，就会处于混乱状态；要是给自己一点时间来沉淀，心定了，杂念滤净了，人生的方向也就不会迷失了。

　　石中的和尚在打坐，早已入静。

取经路上

8cm×16cm×3cm

　　石上画面，干净明快，底色月白微绿；人物通体铁红，无任何干扰，似玄奘取经途中的立身形象。虽然衣着破旧，但气节嶙峋，刚毅果断，其精神像伟岸的山峰一样，挺立于天地之间。

陶然雅韵 多彩的兰州黄河石

禅定

30cm × 38cm × 18cm

石翁是一静思僧,
脑际显形是佛灵。
普度众生终身课,
悟氏涅槃道自明。

东方微笑

17cm×31cm×8cm

　　一入眼,就悦目,他就是人见人爱的小沙弥。
　　石上的小沙弥如同麦积石窟里的小沙弥,憨态可掬,天真无邪,微笑的面容里透出了他的童心与纯真,难怪世人给了他一个美称——东方微笑。

观音

6cm×14cm×4cm

　　这块象形小石头似观音菩萨身像。佛教说她大慈大悲,救苦救难,有求必应。原本男相的观音在中国寺院的塑像和图像一般多作女相,浙江的普陀山是她显灵说法的道坊。

观音麒麟图

25cm × 18cm × 10cm

云游四方听民生,
救苦救难救百姓。
真情包罗感天地,
善心沁脾醒众生。

佛山
18cm×21cm×7cm

　　这是一块象形石。米黄色的山脊突显在草绿色的图案上，构成了一座高大的山，大山的轮廓又形成了一尊威严的佛陀。山顶是佛陀智慧的头颅，圆润而发光。两只深邃的眼睛炯炯有神，鬓发飘然于胸，长眉垂于脸面。金黄的袈裟披在身上，显得威仪凛然。

　　观此石，山即佛，佛即山，山佛一体，立于天地间。见山有佛，佛在心中；见山无佛，山在眼里。

打坐的苦行僧
21cm×29cm×5cm

一身瘦骨，两鬓白发，
"空累世，枉劳生"。
闲坐山谷，不思自身，
何念人生苦与乐？

揖别

10cm×17cm×7cm

石上有两个人物,下面的一位似是一位尊者,席地而坐;上面的一位似是修行者,向尊者揖别,要出远门,做一次人生的苦旅。

"也许我们做不到与红尘诀别,但生活本身就是一场修行"。

(妙吉祥《陆小曼》一文语)

罗汉头像

16cm×18cm×10cm

天公以简略的立体造型和大手笔的画功在用石头塑造了一位高僧头像,是为佛家十八罗汉之一。

尊像五官比例得体,外形轮廓周正,面带微笑,多了份善意。这种手法既刻画了罗汉的内在气质,又表述了佛家抑恶扬善的教旨。

驮过砖的"自醒"

18cm×23cm×17cm

这是一块带画面的象形石,似猪。面部善良,引出一段与佛有缘的故事。相传,清初甘肃永登县苦水川有一位叫李福的人,十八岁断指休妻,在苦水西山寺出家为僧,名超当。他见山寺寥落,发愿补葺,并度化一猪,赐名"自醒",修寺运转时,他自背六块,猪驮四块。其行动感动乡里,众人纷纷投工捐料,很快圆满竣工。随后,此山便被称为"猪驮山"。

注:摘自《走进永登》

与太阳赛跑的人

21cm×23cm×7cm

与太阳赛跑就是与时间赛跑,与时间赛跑就是与生命赛跑。

度化

23cm×18cm×11cm

菩提树下,佛陀给聆听教诲的鸟儿讲解佛理,超度它的灵魂。

陶然雅韵 多彩的兰州黄河石

先哲

26cm×26cm×10cm

他从远古走来,给人类带来了智慧。他的思想充满了哲学的光辉,启迪着人们观察和认识我们赖以生存的这个宇宙。

山神

16cm×22cm×7cm

　　雪青色的底面，拔地而起的山峰，白里透绿。一眼望去，神秘而威严的画面一下子触撞到了人们的心灵：震撼。一座山竟是一尊山神的化身，炯炯有神的双眼里射出了两道锐利的光芒。画面中部，有一股清泉潺潺流出，弱化了山神的"凶相"。下部是一块硕大的岩石，视为山神的座椅，稳稳当当躺在那儿，给山神以力量，衬托着山神的雄厚，永立"不败"之地。

　　更为奇妙的是，画面右上角，一轮明月挂在天边，与山神遥相互映，在静谧的夜空又一次弱化了山神的"凶相"，柔化了第一眼的那种胆战心惊，令人不那么畏惧，反倒肃然起敬。

　　人类社会发展到今天，更应有一种敬畏之心，敬天敬地敬人，敬神灵，敬爱自然；如果什么都不怕，什么都无所谓，进而丧心病狂、胡作非为，那就什么都完了。

山水寿星图

14cm×19cm×8cm

此石是一尊人物头像,大小比例得当,且"额部长而隆起,披发长髯",与民间老百姓心目中的寿星形象吻合。特别是画面全由水纹图案构成,黄色底面上黑色线条勾勒出的眼、眉、鼻、咀及颧骨轮廓都十分逼真,透出了一位长者的善良本性。

王者风范

11cm×13cm×5cm

　　石中人物似一古代君王图像，体态丰腴，五官威仪，头戴纶巾，身披黄袍，双手拱抱。虽是一副素身打扮，但从身上散发出来的那股精气神，仍不失王者风范。

千里走单骑

12cm×18cm×3cm

　　关羽身骑赤兔马奔驰在原野，如风驰电掣一般。高扬着头颅的坐骑，威风凛凛，急风暴雨式地冲向前方，似乎懂得了它的主人欲寻义兄刘备的急切心情。

武圣关羽

16cm×22cm×12cm

这块人物象形石似武圣关羽的半身侧像。石形饱满敦厚，人物造型魁梧高大。头戴纶巾，身披斗篷，正襟危坐，气宇轩昂。凝重的神情，状在怀蜀，意在忠义，如传神的雕塑一样，俨然成了一尊令人敬仰的"忠义"化身。

百岁老人

18cm×22cm×4cm

从形态上看，这位老人年过百岁；从装束上看，头戴遮沿帽、身披斗篷，该是我国西南地区长寿之乡的一位长者。他鹤发童颜，白须飘胸，精神抖擞，威风凛凛，俨然一幅森林老猎手的模样。他的眼、眉、鼻、耳、嘴，如小孩子的一般，特别是那双炯炯发光的眼神和红润的嘴唇，尽显气血的旺盛。

袈裟和尚

19cm×22cm×12cm

身披袈裟圣坛下,
彻悟还须佛偈化。
能休尘静为真境,
未了僧家是俗家。

民族兄弟

五十六个民族五十六朵花，五十六个民族是一家。在祖国这个大家庭里，他们是哪一族，哪一朵？

图一

17cm×18cm×6cm

图二

8cm×11cm×3cm

图三（粘接石）

12cm×28cm×7cm

图四

9cm×17cm×4cm

决胜千里

14cm × 15cm × 3cm

　　石中人物似一久经沙场的将军，昂首挺胸，神态若定，气度非凡。他双手自然背在身后，两脚磐石般地站立在地上，心神专注，凝望远方，好像在思谋着下一个战役，决胜千里之外。

走路的人
14cm×11cm×2cm

人生有两条路：一条用心走，一条用脚走。

用脚走路的人，别着急，慢慢走，一路有风景。走得快，风景多；走得慢，风景好。

有时候我们双目向前，那是为了瞅准目标；有时候我们低着头，那是为了看清脚下的路。

走过一段，再回头，竟发现自己走了一段连自己都没想到的路，突然感到了自己的坚强，也为自己喝起彩来。再走一段，又回头，竟然发现走错了路，原因是盲目地跟着别人走，没走自己的路。

上路的时候，也许一个人独自走，也许和许多人一起走。一个人走，走得快；一群人走，走得远。一个人走，孤寂；一群人走，快乐。

走到了最后，走路的人才明白过来：人的前半生用"命"挣钱，后半生用钱买"命"。

明白了人生的真谛，就会明白一个道理：人的一生，最后的终点都是一样的，何必匆匆呢。

旅行家
12cm×12cm×3cm

世界是一本书，不旅行的人只看到其中一页。
（古罗马哲学家圣·奥古斯丁语）

流浪者

13cm×13cm×6cm

我的名字叫流浪，
不知明日去何方？
在这星光灿烂夜，
只有家乡在胸膛。

一腔热血向天歌

6cm×8cm×5cm

苍茫黑夜，
一腔热血向天歌。
舒袖起舞，
清风伴我共狂烈。

人物肖像·英俊少年
15cm×12cm×6cm

"悬梁刺股"读华章，
奋发图进当自强。
不靠祖上有阴德，
何须父母握权杖。
自立立人标尺在，
岂是纨绔啃爹娘。
自古英雄少年出，
志做强国好儿郎。

人物肖像·人到中年
12cm×11cm×3cm

人生到秋最风流，
累累实果满枝头。
承上启下肩负重，
有昼无夜不识休。
山高身重飞不过，
抱朴守拙何以求？
勤说娇儿走正道，
笑对双亲常叩首。

最后的老农

6cm×11cm×3cm

年逾七旬的老农端坐在土崖的地坎上,若有所思地观望着什么。在这个穷山沟里他已生活了大半辈子,有他祖上的坟地,有他的儿孙后代。这里的一沟一壑、一草一木、一家一户,没有他不熟悉的。在他的骨子里,每时每刻都在眷恋着这片土地,还有那舍不得的热炕头。

然而,面对"荒芜的农田,废弃的院落,沉寂的村庄,留在家乡正一步步走向生命尽头的老人……"我们该做些什么呢?

呐喊
9cm×22cm×4cm

一笔黄色的线条勾勒出一个怒气冲天的人物来。

他小耳大眼,头颅高扬,后脑还留着一条小小的辫子。他张着大嘴,呼天叫地,心中必有愤懑。

独裁者
16cm×23cm×4cm

他,位高权重,霸气十足;他,用铁的手腕统治着他的臣民。他是历史上的一个独裁者。

唐韵

19cm×21cm×4cm

她从唐韵里走来,亭亭玉立,怀抱琵琶,诉说着古今的哀伤。

雪人

20cm×15cm×8cm

他被顽童堆出来,趁着主人不在,偷偷穿上蓝色的睡袍,带上尖尖的帽子,回头一望,大雪依旧漫天。

背夫夏尔巴人

19cm×18cm×5cm

陈塘沟里的背夫夏尔巴人是中国喜马拉雅地区的一道独特人文景观。没有一双坚韧的脚板和坚强的抗寒与吃苦耐劳的精神，是很难在这里长期生活的。他们是世界公认的高山向导和协作人员，许多货物就是靠他们肩扛背驮送到有需要的人家的。而今，他们又为登山者充当向导和挑夫。

石上图像展现的是一位中年夏尔巴人的身姿，他背着沉重的物件，但矫健如飞，看起来十分飘洒，更显几分威严与成熟，颇具古代他们先祖西夏党项羌人遗老的风骨，流露着大漠戈壁人的坚韧和彪悍的精气神。

晨曲

16cm×12cm×5cm

　　吸一口晨曦的清新，吐一口夜宿的浊音。晨曲中的"吹呴呼吸"定会吐故、纳新、舒心。

注：吹呴（xū）：吹嘘与"呼吸"同义。（见《庄子·刻意》篇"吹呴呼吸、吐故纳新"句。）

渔者

9cm×11cm×3cm

　　有渔者，要上船。
　　上了船，去捕鲶。
　　捕回鲶，卖个钱。
　　卖了钱，买米面。

注：鲶，即鲶鱼，泛指鱼类。

陶然雅韵 多彩的兰州黄河石

怪兽

16cm×20cm×8cm

黑身白眼，
目光如炬，
回头一望，
本性使然。

无名石雕

15cm×23cm×9cm

这是一块并不起眼的石头，他给我们塑造了一尊值得深思的审美意象，他有一种抽象的美——平凡里见真知，简单里现高远。

约黄昏

22cm×27cm×13cm

（一）

月上柳梢头，人约黄昏后。

（宋·欧阳修《生查·元夕》句）

（二）

两情若是久长时，
又岂在朝朝暮暮。

（宋·秦观《鹊桥仙》句）

相守

20cm×23cm×10cm

相识是一种缘，
相知是一种情，
相恋是一种爱，
相守是一种福。

(摘自成都市双流区华阳镇·南湖·"情人廊"标语牌)

陶然雅韵 多彩的兰州黄河石

黄河母亲

12cm×8cm×6cm

兰州黄河风情线南滨河路中段有一座著名的石雕像《黄河母亲》，是著名雕刻家何鄂女士的杰作。她以拟人化的手法把黄河比作母亲，用石头雕刻而成，彰显了黄河的伟大，黄河母亲的仁慈，黄河子孙的兴旺发达。

黄河女儿

20cm×15cm×6cm

　　这是一块象形石,天公以自己的想象为黄河母亲塑造了一位贤淑、敦厚的女儿,如她的"母亲"一样,朴实无华,端庄秀丽。既有传统的恬静,又有健康的现代精神;既有东方女性的柔美慈祥,又有"母亲"特质般的敦厚大度。看到她,就想到了"母亲";看到她,就想到黄河,就不由自主地说,我就是"母亲"的女儿。

天兵天将

16cm×15cm×6cm

他是谁？神话故事《封神榜》里的哪位天兵？天将？

神兽鸾车

17cm×17cm×6cm

游仙乘着神兽的鸾车，游弋在天际，车轮在红色的云际上翻滚着，与天宫中的赤鸟赛跑。

独处深闺

8cm×13cm×3cm

　　一条白色的飘带如"画框"一样，把一位孤寂的少妇形象框在里面，给人以清新的视角美。"画框"里烟灰色的底面衬托着用姣白色块勾勒出的少妇侧身像，娇美动人。尤其那明媚的眼睛含情脉脉，如早晨的露珠，晶莹剔透。看来，她是一位新婚不久的女子，秀发用彩带盘绾，还戴着一朵娇艳的红花。

　　重阳佳节，新婚后的丈夫远在他乡，玉枕孤眠，纱橱独寝，半夜里更感秋凉透心，不免又思念起"玉人"来。分作两地的愁情难以排遣，刚从紧蹙的眉上消除，却又袭上心头。不要说不伤感，但秋风掀起窗帘时，定会发现憔悴人儿比秋菊还要消瘦……

含羞的少女

10cm×14cm×4cm

　　这块石头呈不规则长方梯形。底色月白，黑色条纹与淡烟色块勾勒出一位少女侧身坐像。头饰如中国西南少数民族少女打扮，黑色秀发高盘，头饰丝带一直下垂到腰部。脸部五官可见，表现沉稳。隆起的胸部、突显的臀部与微翘的头饰，构成了风韵绰绰的曲线美。少女持一只手绢，含情脉脉，低头沉思，显得那样的文静、甜美与多情。她在想什么呢？也许是想起了她心中的阿哥，想起了那一天她的阿哥送给她的定情信物时的情景……

婆姨的情怀

6cm×9cm×3cm

　　坐在窑炕上的她，眼望着从窗户里透出来的一点月光，又想起了远在他乡的丈夫。他在外打工挣钱，养活这个家；她侍奉二老，拉扯着孩子，守护着这个家。作者心有感触，特作小诗一首。
　　夜将深，灯已吹，独坐窑炕盼人归。
　　秋风霜叶落满院，床前明月相辉映。
　　念夫君，思旧情，梦里常见人已回。
　　日月如梭多往事，团圆时节端起杯。

贵妇人
13cm×12cm×4cm

乳白的底色，金黄的图像，与古代绘画、壁画中的妇女形象十分相似。脸庞丰腴白净，双目炯炯有神，鼻子和嘴唇隐约可见，发髻高耸云盘，双耳被垂发遮掩，一位十足的盛唐贵妇人。

老农妇
17cm×26cm×5cm

显然，她已经老了。她一辈子都住在乡下，伴着日月，伴着儿孙，伴着舍不得的家。

该到休息的年岁了，可她还是放不下。为了生活，即使双膝跪地，也要"动弹"，还要干活。她气喘吁吁，大张着嘴，但还是挺直了腰板，为的就是嘴里有一口饭。

轻歌曼舞

20cm×19cm×5cm

　　白皙俊俏、妩媚动人的窈窕淑女出场了，踏着美妙的乐曲，舞着婀娜的身姿，含情脉脉的眼神里传递着遥远的怀想，把人们带进了一个甜蜜的梦乡。

戏剧脸谱

13cm×21cm×14cm

　　丰富多彩的中国戏剧脸谱，往往把人物的内心世界外形化，有着极其深厚的底蕴。

　　这幅图案显示的是京剧《三盗九龙杯》中武丑杨香武之脸谱形象：勾枣核脸、戴倒八字髯，面带滑稽之相，眉间透着机警，把人物性格勾勒得惟妙惟肖。

　　杨香武身怀绝技，行走如飞，身轻似燕，在绿林豪杰的配合下，历经艰难曲折，终于盗得稀世之宝"温凉白玉九龙杯"。

小小宇航员

10cm×14cm×5cm

幼童真可爱，
人小志气大。
身穿宇航服，
背着洋娃娃。
也要上天去，
摘个星星捧回家。

人物剪影

20cm×23cm×5cm

剪不断的人影，
写不完的春秋。

陶然雅韵 多彩的兰州黄河石

小儿的笑容
12cm×13cm×5cm

小儿的脸，
稚嫩清纯。
初到世上，
率性而童真。

眼睛透亮，
可什么还看不懂。
唯有那小小的嘴巴，
露出了无邪的笑容。

奶奶的笑容
11cm×13cm×5cm

历经艰辛，
把儿孙拉成人。
沧桑的脸上，
挂着一生殊荣。
白发少许，
青丝无处寻。
一把梳子，
梳出古稀年轮。
送走忧愁，
留下灿烂笑容。
为了儿孙后代，
写下快乐一生。

飞禽走兽

FEIQIN ZHOUSHOU

喜从喜鹊来

15cm×6cm×3cm

  石头虽小，但画面却十分精美。黑色底面，黄绿图案，反差极好。一只形象逼真、神态俏丽的喜鹊，扬着头，张着嘴"喳！喳！喳！"地叫了几声，向农家报喜。一名童儿闻声出门，把喜事迎进了家。一个简单明了的故事，一幅新颖明快的构图，把人间吉祥寓意演绎一块石头上，甚是绝妙。元代刘因有诗曰：

马蹄踏水乱明霞，醉袖迎风爱落花。

怪见溪童出门望，雀声先我到山家。

雪里寻觅回家路

23cm×19cm×5cm

天空刚刚飘过雪花,一阵轻风又把落地的雪花吹叠成一道道细细的雪痕,像丝线一样挂在山体的岩石上。一只大鸟站在枯树墩上,瞭望远方,寻觅回家的路。

石上画面干净利落,几笔线条勾勒出一幅冷艳孤寂的初冬妙景。

鸟栖枝头

21cm×19cm×6cm

枝头上有四只鸟,两只大的,两只小的。大的是一对夫妻,小的是他们的孩子,一家子正在小憩。右边的那只小小鸟,顽皮地左顾右盼,没个消停。左边的爸爸呢,早已背过身子进入梦乡。而中间的妈妈和哥哥却面视而对,似乎还在交谈着什么。

陶然雅韵
多彩的兰州黄河石

关雎

12cm×8cm×6cm

"关关雎鸠，在河之洲。"

不要说"窈窕淑女，君子好逑"，即是雎鸠，雌雄之间也有激荡人心的向往与热恋，常以"关关"的应和之声表达相互的爱慕与恋情。

瞭望
14cm×12cm×3cm

雨后天晴,万里无云,一道彩虹接地连天,分外妖娆。就在这空灵的天穹里,一只鸟儿独自站在枯枝上,望着远方,向天鸣叫。它是在召唤同伴,等待儿女?还是在诉说它那份孤寂的悲情?

益鸟猫头鹰
9cm×15cm×5cm

猫头鹰,身体淡褐色,多黑斑,头部有角状的羽毛,眼睛大而圆,昼伏夜出,吃鼠、麻雀等,对人类有益。常在深夜发出凄厉的叫声,迷信的人认为是一种不吉祥的鸟,有的地区称它"夜猫子"。

和平鸽

17cm×21cm×6cm

  鸽子是和平、友谊的象征，它温顺、善良，又代表着圣洁。"国际和平年"的徽标就是用稻穗围绕着双手放飞的一只鸽子的图案。

  石上图案是一群鸽子，刚从森林里起飞，飞向蔚蓝色的天空，向人们宣示生命的珍贵，仁爱的永存。

解析一：鹦鹉

12cm×31cm×12cm

本来有自己的语言，可就是不会说。吃惯了主人的米，学会了主人的话，好话坏话都得说。

解析二：志存高远

天边心胆架头身，欲拟飞腾未有因。
万里碧霄终一去，不知谁是解绦人。

（唐·崔铉《咏架上鹰》）

山鹰

10cm×14cm×3cm

兀立在山岩上的山鹰似乎发现了目标，低头思量着用怎样的方式出击。

它雄健的身姿显示着它的强大与凶猛，它敏锐的目光投射出它的聪慧与果敢。

山鹰不是山鸡，山鹰就是山鹰。

陶然雅韵 多彩的兰州黄河石

美猴王

20cm×30cm×9cm

　　画面呈现的是一副孙猴子的头像，下面是脸面，上部是官帽。升任天庭弼马温的孙大圣，瞪着双眼，似乎又要大闹天宫了。

解读一：老猴王

20cm×23cm×5cm

明快灵动的金色线条在墨绿的石面上勾勒出一只灵物——猴子。简洁一笔就勾勒出了它的神韵，尤其那明媚而苍老的眼睛，深邃而智慧，加之那躬背的身躯，雄伟里透着权威，俨然是一只雄踞一方的老猴王。

解读二：猎豹

图上画面似一起身站立的猎豹，头大颈短，尾巴拖地，支撑着矫健灵敏的身子。它躬起背，瞇着善于伪装的双眼，瞄中了猎物，准备出击。

解读三：黄河有个"几"字弯

涛涛黄水冲霄汉，越过万里九重天。陕山宁蒙沃土地，一个"几"字写大千。

注：九重天，指黄河流经的九个省（区）

临危不惧的顽猴

14cm×15cm×5cm

顽猴半蹲在一块岩石上,欲跳过看不见底的深渊,跃上对面的山岩。它思量着:要么,一跃而过;要么,掉进深渊;要么,原路返回。这时候它正处于选择的边缘。但从它淡定的神态看,似乎没有丝毫的恐惧和惊愕,而是在谋划着怎样跃过深渊。

灵猴

7cm×7cm×3cm

灵猴稳坐在岩石上,身子前倾,右臂向上稍伸,双腿微卷,尾巴着地。它把胖乎乎的躯体弯成弓形,展现出一条自然的曲线。它的面部,活力四射,眼睛和鼻孔都隐约可见,前翘的嘴巴和突出的后脑彰显出它的机智与灵动。它不消停,就是在坐着的这一会儿,它仍给同伴打手势,似乎在诉说着什么。

朋友（正面）
20cm×14cm×11cm

　　这块石头是一块象形石，似狗。头部五官俱显，全身卷曲在地，尾巴还压在后腿下。从形态看，它是一条上了年纪的老狗，不弃不舍地仍守护在家院。它目光呆滞，表情暗淡，似乎在沉思昔日的往事。虽说它颇有倦态，但依着强大的身躯和卧姿，仍不失当年的雄伟与职守；虽说是目光不再炯炯，但它深邃的眼眶里，仍闪烁着当年的敏锐与警觉。

朋友（背面）
20cm×14cm×11cm

大耳朵小狗

10cm×13cm×6cm

这只大耳朵小狗,耳大、脸圆、嘴短、额突、眼深,胖乎乎,身材小。它端坐在地上,目光射向远方,静候主人的归来。

被遗弃的小狗

11cm×9cm×4cm

这只小狗藏身于一个黑洞里,被主人遗弃了。可能是饿得动弹不了,或许是病得站不起来。它哀求的眼神引起了不少过路人的同情,可谁又能够重新收养它呢?

绵羊

15cm×17cm×3cm

绵羊，温顺善良，与同种羊类一样，懂得母爱，知道感恩。它不仅为人类提供财富和食品，更为可贵的是它彰显了"百善孝为先"的美德，把"跪乳"留在了人间。

奔跑的兔子

24cm×17cm×8cm

石面底色净白，图案铁红，兔子的形象逼真。又长又大的耳朵、又短又小的尾巴，把兔子的两大外形特征显露无遗。肥胖的身子与躬着背奔跑的姿势，又把兔子温顺善良、乖巧随和的天性表露得完美无缺。

陶然雅韵 多彩的兰州黄河石

雪域神牛

27cm×24cm×9cm

　　画面呈现的是一幅雪域冰峰图景。图案上部一头雄健的神牛正爬在一座峰顶上，两只前蹄插在厚厚的积雪里，后腿却有力地蹬在冰块上，像是刚从山峰的那一边越上这一边。

　　神牛的头部特征十分明显，脸型和五官的比例与位置恰如其分，与当今的真牛一样。特别是两只大眼睛炯炯有神，连眼眶微微发白的毛色都清晰可见；嘴唇略带肉色；鬃毛棕黄，向耳边披开；全身毛色乌黑，与冰雪的银白色形成显明对比。天公的神力用彩笔把神牛的体态与神韵活灵活现地表达出来，为雪域冰峰的传说又添增了几分神秘。

野狼

20cm×15cm×9cm

这是一只奔跑在草原上的狼,奋疾于人性的野狂。它张着大嘴,把能量发挥到极致,用撕破长夜的嚎叫来震撼生命。

小牛犊的眼睛

22cm×16cm×5cm

小牛犊的眼睛,眸子里射出了两道光芒,照亮了它目视的前方,也照亮了它赖以生存的时空。

卧狮
20cm×20cm×4cm

半卧的雄狮用两条前腿撑起了大半个身子，将后半身坐实在地上。头颅高扬，颈部鬣毛蓬松而垂，尾巴高翘，尽显威风，仍不失山中之王的那种霸气。

曾经的狮王
27cm×16cm×11cm

曾经的狮王虽然老了，但霸气尚存；昔日威风凛凛的鬣毛虽然不再飘逸，但依然浑厚浓烈；更有那宽大的脸庞虽然皱纹满是，但蒙眬的眼神里还是射出了老辣的光芒，阴森而恐怖。

熊博士
16cm×14cm×5cm

雄赳赳，
踏平坎坷成大道；
气昂昂，
斗罢艰险又出发。

也是一家子
8cm×10cm×4cm

动物和人类一样，也有一家子。

画面左上图为熊爸爸，吃饱喝足后坐在地上仍不安分，两只贪婪的眼睛仍盯着不远处的猎物，思考着如何去攫取。左下图为熊妈妈和她的孩子熊宝宝，在餐后正打趣玩耍。

北极熊的呼叫
17cm×15cm×4cm

行走在浮冰上的这只弱小的北极熊说："把冰还给我，我已经饿极了！"

啄
19cm×17cm×6cm

啄木鸟是森林的卫士，它钢牙利嘴，专门啄去树木中的害虫，是为益鸟。

可这会儿它胆大包天，竟敢在森林的摔跤冠军大狗熊头上啄起来。是认错了地方，还是熊头上真的有了虫子？

大熊张开大口，怒吼一声，吓得鸟儿展翅就飞。

图案奇妙，妙在有趣。

麒麟纳福

7cm×10cm×3cm

麒麟是古代传说中的四灵之一，并不存在于现实。我们虽然没见过麒麟，但是先贤们却用他们的智慧创造出了一幅鲜活的具象。奇妙的是，石上的麒麟形象，与先贤们的想象和创造暗合。静观此石，麒麟的祥瑞之气，怎么能不纳入人们的心怀？

奔出丛林的小鹿

11cm×15cm×6cm

　　肥肥胖胖的小鹿一股脑儿从树林里跑了出来，扬着头颅向远处张望。鹿妈妈一直把它关在丛林里，从来没有走出过。终于有一天，它独自跑了出来，"呀！原来天这么高，地这么大！"

　　其实，再大的丛林不过是一个由树木编织而成的笼子，只有走出来才知道外面的世界多精彩。

坡鹿

14cm×12cm×7cm

　　坡鹿，鹿的一个种类，性温顺，耐热耐旱，喜青草、嫩草。

　　在我国，坡鹿只生活在海南省的丘坡地，有很高的药用价值。由于近年来实行有效的保护，数量由原来的20多头增加到现在的1000多头。

（摘自2014年7月21日中央电视台《远方的家》栏目解说词）

欢舞

24cm×14cm×10cm

　　石上图案展现出几条美丽的白蛇，有大有小，欢聚草地，玩耍逗趣。特别是那条小蛇，摇身起舞，活泼可人。也许它们是一家子，也许它们是邻居或要好的朋友。

竹叶青

12cm×10cm×5cm

　　这是一条叫竹叶青的蛇。它前身挺立，后身藏在草丛里，肚里吞下的猎物尚未完全消化，隐约可见。从猎物的大小和它左顾右盼的神态看，肚子还未填饱，仍在寻找着新的猎物。

解读一：回味

17cm×14cm×10cm

　　石头整体似一虎头，虎纹及毛色如真虎一样，其神态宛如吃饱喝足后的静卧。眯着的眼睛并不入睡，而是在回味刚才捕猎时的激战。脑海里的虎型就是它的身影：在锁定目标后便果断出击，用出奇制胜的战术获得猎物。它是在及时总结经验，筹划着下一个行动。

解读二：捕猎

17cm×14cm×10cm

　　山岩上一只猛虎正在捕食。它矫健的身姿迅速而猛烈，全身向前，后腿蹬地，尾巴微翘，两只锐利的前爪一下子把猎物拉到嘴边，即将用张着的血盆大嘴吞下去。

上山豹

15cm×18cm×10cm

　　画面中豹子已爬在高高的山岩上,回首张望;岩石下的残物便是它刚刚留下的"残汤剩饭"。从它橙黄色的两眼里发射出的光芒,犀利如剑,令人寒战;从它鼓起来的肚子看,就知道它战胜了与它争夺猎物的对手,饱餐后正精神抖擞地准备回家去。

奔马

16cm×11cm×5cm

　　月白色的石面很干净，无一点瑕疵。横向的几道线条和简略的斑块为奔腾而来的骏马铺设了辅景—草地，醒目爽朗。就在这样一个空旷的原野上，骏马高扬着头颅，气宇昂然地从正面奔驰而来，威风凛凛。它四蹄生风，长尾飞扬，腾跃嘶鸣，豪放不羁。狂飙的气势，震天撼地，令人激越。

瑞兽麒麟

32cm × 24cm × 12cm

麒麟，亦作"骐驎"，古代传说中的一种动物，其状如鹿，全身鳞甲，尾像牛，多作吉祥的象征。

传说麒麟为仁宠，是中国瑞鹿的神化，为"四灵"之一。它威武而不害，为人带来福祉，还能为人带来子嗣，民间就有孔子降生时"麒麟吐玉"之说。于是，以"麒麟送子"为主题的民俗文化就屡见不鲜。这种现象，不仅见于图画和祝福之语，而且也见于岁时活动，意在祈求早生贵子，子孙贤德。

百花园里

BAIHUA
YUANLI

报春梅

31cm×31cm×10cm

　　此石画面，有山有水、有树有花，是一幅红花山水图。整个山岩虽有云雾笼罩、冰雪覆盖，但点缀其间的红梅却鲜艳醒目。俊秀挺拔的山体，即是被漫天风雪、百丈坚冰覆盖，也不损其肌骨、掩其俏丽，依然萌动着青春的活力。当大地回春时，云雾自然散去，树林自然葱郁，冰雪自然消融。那时候，山花烂漫、万紫千红，春梅又是何等的娇艳。

红雨落枝春来早

9cm × 13cm × 3cm

  一株早开的梅花，耀眼夺目。有的已经怒放，有的正在含苞待放，朵朵清新而娇嫩。乍眼一看，梅树上尚有一层薄薄的落雪，似乎在告诉人们，雪里梅已开，春天已经来到。

  晚唐诗僧齐己有一首咏梅的诗歌，紧紧扣住了一个"早"字，提醒人们，趁着春光的来归快去赏梅吧。

  万木冻欲折，孤根暖独回。

  前村深雪里，昨夜一枝开。

  风递幽香出，禽窥素艳来。

  明年如应律，先发望春台。

陶然雅韵 多彩的兰州黄河石

曲美

19cm×12cm×7cm

"梅以曲为美,直则无姿;以欹为美,正则无景;以疏为美,密则无态。"(《唐梅馆记》语)

石上这株梅花枝干老辣遒劲,花朵稀疏错落,呈现出梅的天然姿态。画面似有雪花垂垂飘下,一片苍茫。这落雪的"白"与梅花的"红",相互晖映,尽显"红妆素裹"之美,看起来"分外妖娆",把梅花迎风傲雪、独放清香的超逸高洁品格,表现得淋漓尽致。

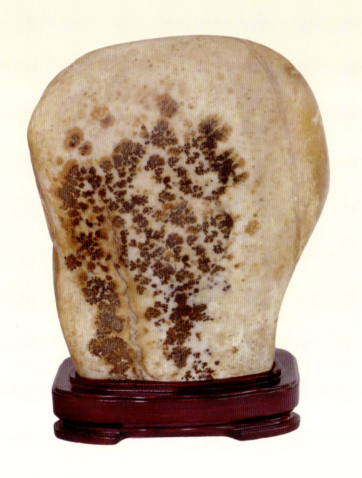

幽香永驻

23cm×31cm×8cm

　　苍劲的枝干上依然落满了花朵，经霜历雪，迎风开放。也许它让多少人闻香观赏；也许它无人问津，让群芳妒忌，凋落成泥，只留幽香。

　　南宋爱国诗人陆游有一首流传千古的词作《卜算子·咏梅》，就充满了孤芳自赏的感情。诗人借梅自喻，咏赞梅花坚贞品质和高尚情操，表达自己像梅花一样坚贞不屈的品格：

　　驿外断桥边，寂寞开无主。

　　已是黄昏独自愁，更著风和雨。

　　无意争苦春，一任群芳妒。

　　零落成泥碾作尘，只有香如故。

陶然雅韵 多彩的兰州黄河石

素洁疏淡

28cm×20cm×10cm

  石上梅花是一丛,不是一株。虽不奇艳,但素洁晶莹,表现了一种自然的外在美;虽不瑰丽,但含蓄收敛,表现了一种自甘疏淡的内在美。
  数株梅花后面有一块淡绿色的大石头,隐约可见,与梅株相拥而立。画面的空白处,无云无景,一色的曚昽,不夺梅之色,不与石争宠,以空白的"虚"映衬梅石的"实",彰显着一种恬静的淡美。
  宋人晁补之有一首《盐角儿·豪社观梅》的词作,现录于后,以飨读者。
  开时似雪,谢时似雪,花中奇绝。
  香非在蕊,香非在萼,骨中香彻。
  占溪风,留溪月,堪羞损、山桃如血。
  直饶更,疏疏淡淡,终有一般情别。

兰草
15cm×16cm×4cm

世人种花我种草,
爱草如花从来少。
草忽着花草亦花,
花不开花花亦草。

注:此为中国著名美学理论家洪毅然先生题自画"花草"诗句。

春风吹得玉兰香
15cm×21cm×6cm

红花朵朵耀眼目,
一树玉兰竞相开。

渠边花儿红
16cm×24cm×5cm

　　水渠旁有鲜花着边,散开在地埂上。虽不丛聚,但也鲜嫩。几条枝、数片叶,托起红花朵朵,把一处农家田野的水渠打扮得娇艳多姿。

花径

28cm×30cm×13cm

1992年8月,作者在庐山参加一个学术研讨会,独自信步"花径",见园中繁花似锦,曲径通幽,景致优美。得知唐代大诗人白居易曾在此游览咏诗,感慨深深,遂作拙诗一首,以留纪念。

幽径无人独自芳,
着意闻时不肯香。
今日寻得花径在,
不见白翁咏诗章。

注:①花径,庐山一处游览胜地,现辟为公园。
②白居易在"花径"所咏《大林寺桃花》一首为:人间四月芳菲尽,山寺桃花始盛开。长恨春归无觅处,不知转入此中来。

国色天香

22cm×27cm×6cm

落尽残红始吐芳,
佳名唤作百花王。
竞夸天下无双艳,
独占人间第一香。
（唐·皮日休《牡丹》）

蝶恋花

11cm×13cm×5cm

彩蝶飞舞艳阳天,
采花炼蜜云霞观。
千秋梦里花间恋,
花开花毁是情愿。
（节录李居明先生编撰的粤剧《蝶海情僧》主题曲之一《唐密传说》句）

花石图

30cm×16cm×12cm

　　没想到，这种娇艳的红花竟在石头上开放。它生长在石头多年沉积的尘土里，把根扎在了石头的裂缝间。当我们惊叹它的美丽时，不由得为其顽强的生命力而喝彩。

心愿
25cm×15cm×8cm

无论春夏秋冬，作者经常去兰州的雁滩公园散步。见一位曾在甘南工作过的退休同志，也经常围着湖边高歌漫步，嗓音圆润质朴，令众多游人随步聆听。久而久之，竟成了公园里的一道"风景线"。作者随即与之相谈，逐渐领略到甘南大草原的美丽。并记下了他反复吟唱的那首歌词大意。

因为我们今世有缘，我想对你说出一个心愿：
当鲜花盛开的时节，去带我看看美丽的大草原。

鸽子花
13cm×20cm×9cm

鸽子花是开在鸽子树（珙桐）上的花朵。开花时两个苞片张开，样子像飞翔的白鸽，是珍贵的观赏树种和花朵。

图上的白色花朵正张开苞片，像是欲飞的鸽子，美丽动人。

恬园

12cm×21cm×7cm

满园春色关不住,鸟语花香醉游人。

荷塘清韵

17cm×19cm×7cm

雨后的荷塘，洁净莹润。翠绿的荷叶在黛青底色的映照下，轻盈地摇曳在水中，似有晶莹露珠闪烁。荷花虽未露出尖尖角，但"芳香不用夏风摇"，清气自远来。此境此情，恰如唐人郭震《莲花》诗吟一般："湘妃雨后来池看，碧玉盘中弄水晶。"动人，诱人。

一片残叶

15cm×18cm×8cm

叶柄上有一片宽大的残叶，顽强而孤寂地摇曳在池塘上。小雨点淅淅沥沥地打落在枯黄的叶面上，发出了很有节奏的声响。

石上就这么一幅简单明了的图案，令人感到一种苍凉的凄美。冷雨中的残叶虽失去了昔日的嫩艳，但它与小雨点的合奏却唤醒人们：不要忘记它嫩艳时曾陪衬过的红花；那个时节，它们真是"红花绿叶"，美丽动人啊。

物华天宝

WUHUA
TIIANBAO

圣地宝塔

10cm×11cm×3cm

　　宝塔，从远古走来，历经磨难，见证了历史，记载着沧桑。

　　宝塔，屹立在延河之滨，雄踞于宝塔山上，闪烁着辉煌，光耀未来。

白塔远眺

18cm×16cm×6cm

　　兰州是黄河流经的唯一省会城市。北有白塔山，山上有元代建筑白塔；南有皋兰山，山上有三台阁。南北由誉称"天下第一桥"的"中山桥"（铁桥）贯通。

　　石上图案恰似站在皋兰山上，俯视黄河、远眺白塔、目览东西城区之景象，目及之处，巍巍壮观，令人心旷神怡。

黄河红

纯红色的黄河石是一种稀有的品类。石形周正而色彩又明亮的,少之又少;那种鲜艳得像鸡血一样的,更是鲜有所见。

人们之所以钟爱黄河红是因为它有很好的寓意,象征光明、忠勇与壮烈,表达着喜庆、快乐与积极向上的精神状态。

图一

13cm×14cm×4cm

图二

18cm×23cm×12cm

雕塑博物馆
20cm×10cm×4cm

  石林，喀斯特大地上的"雕塑博物馆"，是一种特殊的喀斯特地貌。它凸起于大地之上，仿佛是一把把打开地球密室宝库的钥匙，与峰林、峰丛、天坑地缝、峡谷洞穴等一起，共同建构了壮美的喀斯特景观。在呈现无数美景的同时，它也是石漠化的典型表现，昭示着大自然的严苛。

  千百年间，人与石林之间的故事，千回百转。走进石林的世界，也就走进了大地的史诗。还是撒尼人的《诗经》里唱得好：

  云彩之南，我之乡邦；

  石立如林，香草佩裳；

  晓猿野鹤，牛羊麻桑；

  群木茂植，溪流依傍。

遗迹·先民住过的地方

22cm×12cm×5cm

半山上有斧凿的痕迹，横竖的残垣断壁又好像是搭建过的院墙房基。从布局看，显然是曾经的一个村落。

遗迹·系船的磐石

12cm×12cm×6cm

早年，长江三峡的浅水区轮船行驶不动，要靠纤夫用纤绳在岸边拉着前行。行至一个固定的地方便解套休息，将纤绳系在一块或几块坚实的大石头上。久而久之，石头上便磨出一个深深的石槽。

而今，石槽虽已废弃不用，但它已成为历史的见证，记载着纤夫们当年的辛劳与苦难。

古瓶

18cm × 20cm × 9cm

　　古瓶的自白：在我身上不知插过多少花，有多少只手插过花；又有多少双眼睛赏过花，更有多少张嘴评过花。然而，随着时间的流逝，花儿无影，花香不在，唯有我身上的印迹，如莲出水，永远清新，永远伴随着我，寻找知音——赏石人。

岩画

岩画是人类童年期进行的艺术创作，"是人类发展到一定阶段的产物，它超越了结绳记事的功能，是人类对自己的生产、祭祀或者战争的真实记录"。

当我们面对一幅岩画、身处镌刻着岩画的崖壁时，或许一下子难以辨认出它的具体内容、弄懂它所蕴含的真实寓意。但当我们的双眼漫过它所显现的稚拙线条和它所涂染的古朴色彩时，却总能从这些笔调粗犷、场面壮观的图像中领悟到些什么……仍让我们从这些难以破解的信息中，不断地去寻找先民们生活的足迹。

图一：劳作（正面）
19cm×22cm×8cm

图二：劳作（反面）
19cm×22cm×8cm

图三：突出围猎
16cm×10cm×5cm

点赞

6cm×9cm×3cm

　　这块小小的象形石就如人的一只右手。四指曲握成拳，拥戴老大哥拇指的翘立，褒奖着人或美好事物的标格。

　　中国人向来不吝啬对人对事的赞美之词，除了口头表达和文字的称颂外，常用的一种直接的表达方式就是"点头"或"竖起大拇指"，以示赞同、赞美和表扬。

　　人心本应是向善的，但还是总有向恶的。对我们这些凡人庶子来说，抑恶扬善当是做人做事的本分，即便是无人点赞，看一眼这块石头，它不就是在给你点赞吗？

极光

19cm×16cm×3cm

一入目，即夺目。

通天一柱

16cm×50cm×9cm

乌黑的石柱像奇峰一样威风凛凛地耸立在山之巅，欲与天公试比高。它迎风披雪，从不动摇；它心高气傲，从不低头。虽说是它永远够不到天，但离天最近，能与天对话。它把人间的疾苦与幸福告诉苍天，又把苍天的祝福带回人间。苍天说：人做事天在看，莫作恶多行善，须知人生太苦短。

不朽的雕像

25cm×40cm×10cm

不追求它是什么人的化身，也不考究为何屹立在这里，它就是一尊不朽的雕像。

它像山一样伟岸，有钢铁般的意志，永不凋谢的精神。它竖起的不仅仅是一座雕像，而是一位英雄的魂。

残损的壁画
24cm×25cm×9cm

  石上图画犹如敦煌莫高窟彩绘壁画的一处斑驳痕迹。它是当年美国贼人华尔纳用胶布粘走壁画时没有完全揭下来留在墙面上的颜料。
  观看这幅图片，令人在惋惜之余更对华尔纳的强盗行为表示极大的愤慨。时至今日，国人应很好的反思与自责。

陶瓶

7cm×7cm×3cm

这块象形石酷似一个陶瓶。底色为土红色，腹部和瓶口都涂有黑色和淡绿色条块，古朴而自然。陶瓶所显示的信息似乎是由素陶向彩陶过渡的一种随意。想象一下，素陶成形后，制陶人将身边的青草或有色物体无意识地涂抹在上面。久而久之，反映人们文化生活和宗教信仰的图像便有意识地出现在陶瓶或陶罐上，成了名副其实的彩陶。

今天，人们欣赏它，难免有一种沧桑感，觉得这块像瓶子的石头就像远古时候的一件出土"文物"。它把历史沉淀下来，又展现出来，让人们看到几千年前远古先民的一件生活用品，领略到我们祖先的创造智慧和不断的创新精神。

陶，无论素陶、黑陶、彩陶，都是中华先民智慧的结晶，是土与火相结合的艺术。它从远古走来，拉开了人类文明的序幕，它以器载道，装满了人类文明的密码。

石罐

12cm×18cm×6cm

它不是一个实用的罐子，也不是现代的一个工艺品，它是黄河里像罐子的一块石头。罐身有彩，斑斓耀眼；罐盖土红，朴实无华；罐盖与罐身的连接处有一圈用作装饰的白色裙带，十分精巧。大自然就是这样的奇妙，石头里竟有这样的宝物。

洞中仙境

12cm×8cm×3cm

　　画面好像一幅画贴在石面，又好像是一处洞中仙境。幽暗的黄色格调幔上了一层神秘的色彩，令人"雾里看花"，蒙蒙眬眬。

　　静坐细观，画中有山有水有云霞，有树有花有磐石，还有灵动的小动物和正在劳作的妇女。显然，又是一处"世外桃源"了。

步步高

14cm×20cm×5cm

　　九层之台，起于累土；千里之行，始于足下。

（老子《道德经》第64章语）

汉字"兽"

14cm×17cm×6cm

英语字母"J"

20cm×18cm×6cm

矿山新图

36cm×20cm×6cm

　　别看它飞鸟不栖、寸草不生，它可是新发现的等待开采的露天矿山。它和它的身躯，还有它身下的岩体全都是宝。

年轮

40cm×20cm×8cm

　　春开头，冬收尾，一年总要一轮回。
　　年复年，轮叠轮，四季罔替紧相随。
　　经风雨，历寒暑，三百六十日月催。
　　说冬夏，写春秋，圆满时节荣华归。

望台

28cm×17cm×17cm

在普通人看来，它不过是一个土堆堆；在军事家眼里，它是曾经的观察敌情的瞭望台；在历史学家那里，它是考古的有力物证。

瞭望台，它的屹立，仍是不老的边关军魂。

观景台

24cm×24cm×14cm

迎来的
是游客的笑声，
留下的
是万家的脚印，
守住的
是炫丽的美景。
于是乎
下定了一个决心：
宁可忍受
无情冰雪的浸凌，
也不愿
这里荒无人影。

陶然雅韵
多彩的兰州黄河石

五彩缤纷

13cm×12cm×5cm

人们醉心于游览名山大川、江河湖泊，也有人陶醉于一泓潺潺的溪流、一个皎洁月光下的夜晚……岂不知，更有人珍藏如此炫丽的黄河石，尽情享受这千姿百态、五彩缤纷的石上美景。

微观世界
18cm×14cm×8cm

仿佛是显微镜下的图像,
描绘出生命之源。

海藻化石

海藻化石是兰州黄河石中的一个特殊品种，画面不同于其他，是一个奇特的圆环形石纹。

据有关专家鉴定，认为它是"一种叠层石，是由层层藻类叠加而成，横剖面像水波纹，有个同心层，纵剖面像褶皱，故名。"实际上，叠层石是藻类生物及其生物遗迹形成的特殊结构物，通常呈同心状的叠层结构，在全球各地的古老地层中均有发现。

这两块海藻化石，在兰州的藏品中体量较大、品形较好，其色炭黑，与底色反差明显，且同心圆"开了花"（图二），堪为同类上品。

图一

19cm × 33cm × 10cm

图二

33cm × 23cm × 5cm

丝瓜

12cm×13cm×6cm

　　本当长在农田里，可如今又生长在石头上。

　　农田里的丝瓜是农人种的，石头上的"丝瓜"却是天公的鬼斧神工镌刻的。

茄王

30cm×7cm×6cm

　　这块象形石酷似常见的家用蔬菜茄子，其形体如真的一样。略弯的弧度呈现出悦目的曲线，吸住了人们的眼球。

龟背石

19cm×12cm×10cm

因图纹似龟背纹路，俗称龟纹石或龟背石。这类石在黄河中很少出现，甚为稀罕。

龟是现存于世的中国传统意义上的四灵物种之一，是吉祥物，长寿的象征。家有一块龟背石，自然会联想到龟，并与龟同呼收，像南宋大诗人陆游那样，"拜赐龟章纡旧紫，养成鹤发扫余青"，取龟贵、贵闲、龟寿"三义"，受其感应，延年益寿。

寿比南山松

20cm×22cm×8cm

图案似松如"寿"，有感而发：

山路弯弯，
　青松挺立入云端。
黄天厚土，
　石上流水也潺潺。
景色这般，
　一个寿字写长短。
不说因缘，
　但与松柏共青天。

宝瓶

8cm×12cm×3cm

　　是哪家妙手丹青，彩绘了这尊宝瓶，如此绝妙！又是谁人祖先，传下这件斑斓的遗物，留在了人间？都不是，它是块黄河奇石，是大自然的杰作，亘古就有，天生的一件宝。

圆满

15cm×10cm×5cm

　　一圈是绿色的希望，一圈是红色的彩带，一圈是黄色的富贵。一圈又一圈，好像在描绘生活的圆满，又好像在图画人生的灿烂。

　　一圈又一圈，不管有多少个圈，但愿它的寓意永远是圆圆满满。

流光溢彩

9cm×11cm×4cm

　　翻腾的流云与金黄的色彩飘浮映衬，相互缭绕，形成天宇间一道道绚丽多彩的壮观景象。

黄河玛瑙石（附黄河玉石）

HUANGHE MANAOSHI

兰州玛瑙石

兰州玛瑙石是一个稀有品种，分布在黄河滩涂、沙坑及北部山麓一带，属次宝级二氧化硅矿物体，是一种细纹玉髓，常伴杂蛋白石，尽显各种色彩。其态呈条状或带状，间有黑斑或苔斑，有的有夹层，有的表里一致；体积不大，小者两三公分，大者二十公分左右。虽说是透明度较差，但色彩仍显绚丽斑斓，赤、橙、黄、绿、青、蓝、紫皆有，个别则呈黄、黑、白、褐、灰，各种色彩叠层相伴，形成不同图案。兰州的玛瑙石造型多样，奇特别致，给人以得天独厚、高雅舒适的审美享受。

——摘自西北师大潘富盈先生《兰州玛瑙》一文（见《石友》2005年第4期）

五彩缤纷

18cm×12cm×3cm

这块黄河玛瑙石，色彩斑斓，青、黄、赤（淡红）、白、黑"五彩"之色俱在，为黄河玛瑙石中之佼佼者。

红与黑

11cm×10cm×5cm

"红色是跳跃的,所以经典在世代的更迭中生生不息;黑色是永恒的,所以经典在时空的延续中历久弥新。"

这块黄河玛瑙石,着红黑两色。黑在下,红在上;黑沉稳,红炫耀。

金猴

11cm×10cm×7cm

圆圆的脸庞,尖尖的下巴,黑黑的眼眶,红红的鼻子,还有那金黄色的毛发,竟是青、黄、赤、白、黑五种色块涂抹的,勾勒出一只顽猴的头部形象。

黄河玛瑙石 HUANGHE MANAOSHI

老寿星（头部为黄河玛瑙石）
9cm×14cm×13cm

老寿星的造型是由头和身子两部分组成的。头部是一块黄河玛瑙石，身子是果树木质，由兰州专门从事石座艺术的吴华彬师傅设计雕刻的。

头部形象酷似中国传统寿星老人的造型，特别是硕大的额头和飘逸的胡须，把寿星老人的两大特征突显得惟妙惟肖，加之红润的面庞，深邃的双眼与挺直的鼻子，活脱脱将一位人见人爱、人见人敬的寿星老人展现在世人面前。

小羊羔（黄河玉石）
7cm×8cm×4cm

卧狮（黄河玉石）
27cm×16cm×20cm

黄河玛瑙石

HUANGHE MANAOSHI

笑松（黄河玉石）

12cm×8cm×6cm

玉石上有棵劲松，枝坚叶茂，其笔意恰似中国汉字"笑"。"笑"谐音"孝"，与"松"关联起来，对父母、对长辈、对老人的尊爱与孝敬，意如松柏一样，万古长亲（青）。

注：这块《笑松》，作者曾作为生日礼物，敬献给母亲八十寿辰。

仙桃（黄河玉石）

2cm×8cm×6cm

这块黄河玉石为一象形石，质地细腻，圆润福态，通体金黄，黄里透红，犹如一只熟透了的仙桃，夺目诱人，谁都想咬一口，可谁都咬不动。须知，它的成果何止三千年，恐怕亿万年也不止。

无题画面
WUTI
HUAMIAN

无题话题

一个好的命名必然是"名符其石",观赏者既能从命名中领略其内涵,又能从命名中获得审美之享受。从某种意义上讲,命名是赏石的"点睛"之作,也是赏石的"引路人"。

下面的奇石画面(亦有象形者),看起来不错,有的甚至很美,可就是命不出名来,但又舍不得丢弃,只好收录在"册",希望读者自赏自命。

图一

14cm×22cm×4cm

图二
6cm×28cm×8cm

图三
20cm×11cm×4cm

图四
18cm×11cm×5cm

图五
20cm×25cm×12cm

图六
13cm×22cm×4cm

图七
17cm×11cm×7cm

图八
13cm×19cm×3cm

图九（侧面一）
46cm×22cm×12cm

图九（侧面二）
46cm×22cm×12cm

图十
18cm×12cm×4cm

图十一
16cm×18cm×4cm

图十二
20cm×24cm×8cm

图十三
19cm×23cm×5cm

图十四
10cm×14cm×7cm

图十五
20cm×12cm×6cm

无题画面

WUTI HUAMIAN

图十六
25cm×15cm×7cm

图十七
20cm×12cm×6cm

图十八
31cm×18cm×12cm

图十九
18cm×18cm×5cm

图二十
20cm×16cm×4cm

图二十一
12cm×13cm×3cm

无题画面　WUTI HUAMIAN

图二十二
24cm×19cm×8cm

图二十三
6cm×12cm×3cm

图二十四
24cm×22cm×6cm

后记

本画册仍是在石友和家人的关心与支持下编著的，书中收录的石头大部分是我2010年以来的收藏，基本都是原石。书中的图片是上大学的孙女利用寒暑假分五次拍摄的。拍摄中，上中学的小孙子和石友蒋得荣师傅都来帮忙。拍摄后，底片的调修和扩印大都是原"龙激光相馆"小黄师傅完成的，后续的一些照片由《石友》杂志副主编高莉女士进行了调修。解读文字由侄子陶生明在工作之余打印，与照片的对应也是由他排列布局的。

画册的编排进行得比较顺利，一方面是有了编著第一册《陶然清韵》的经历，另一方面得益于朋友的悉心指导，没走什么弯路，为画册的最后定型与完稿打下了一个良好的基础。

我在长期的观察与赏读中，对于这些我熟悉的石头，就其寓意逐渐形成了一种自我的风格，文字的解读便自然地需要独立完成了；又由于自己的知识水平与赏析能力都有限，解读中又带着较浓的感情色彩，不妥之处在所难免，敬请读者谅解与教正。

又是一个秋高气爽的十月，该到收获的时候了。在《陶然雅韵》出版之际，谨以诚挚的心情对为本书题签的好友马国俊先生、出版该书的甘肃人民美术出版社的领导与精心设计的马吉庆先生、承印画册的印厂领导与辛勤的工作人员、为本书建言出力的石友与家人，特别是老伴张玉芳的无私付出，表示衷心的谢意。

玩石是一种修行，编著画册的过程也是一种修行。这样的修行只有亲身体验才会感觉到它的存在，而且正是有了这种真实的存在，那生活才叫生活。为此，只要生命不息，我还会继续体验，在忙碌中充实自己，去获得另一份别样的快乐。

我想，这篇"后记"将在来年又成为另一册的"前言"。

陶敬道

2017年10月

出版《陶然雅韵》时核对石头尺寸

2010年作者在兰州黄河岸边

玩石生涯

在石友家赏石

2014年作者在采石场

以石会友

1997年在碌曲则岔石林

作者在自己的石架前留影

作者邀请石友在家赏石

小孙子陶治宇在赏石

无私付出的老伴张玉芳

2014年作者与老朋友孙燕夫妇交流赏石

爷孙俩

孙女陶炳塬为石头拍摄照片

与石友切磋石艺

侄儿陶生明做本书的记录工作

外孙女弓婷越在奇石前留影

石友里的两位忘年交

枕石漱流

寒雪梅中盡
春風柳上歸